信息技术时代高校计算机教学模式构建与创新

李宝珠　著

吉林出版集团股份有限公司
全国百佳图书出版单位

图书在版编目（CIP）数据

信息技术时代高校计算机教学模式构建与创新 / 李宝珠著. -- 长春：吉林出版集团股份有限公司，2022.11
ISBN 978-7-5731-2806-5

Ⅰ. ①信… Ⅱ. ①李… Ⅲ. ①电子计算机-教学模式-研究-高等学校 Ⅳ. ①TP3-42

中国国家版本馆 CIP 数据核字（2023）第 002698 号

信息技术时代高校计算机教学模式构建与创新

XINXI JISHU SHIDAI GAOXIAO JISUANJI JIAOXUE MOSHI GOUJIAN YU CHUANGXIN

著　　者　李宝珠
出 版 人　吴　强
责任编辑　孙　璐
装帧设计　万典文化
开　　本　787 mm× 1092 mm　1/16
印　　张　5.25
字　　数　130 千字
版　　次　2022 年 11 月第 1 版
印　　次　2023 年 4 月第 1 次印刷
出　　版　吉林出版集团股份有限公司
发　　行　吉林音像出版社有限责任公司
（吉林省长春市南关区福祉大路 5788 号）
电　　话　0431-81629667
印　　刷　三河市嵩川印刷有限公司

ISBN 978-7-5731-2806-5　　定　　价　55.00 元

PREFACE 前言

随着计算机技术与通信技术突飞猛进的发展，人们的思想观念以及对人才的要求也随之发生了改变。计算机网络技术如今已经作为独立的学科，成为高校学生的必修课程。计算机技术方面的人才已经不仅仅是局限于简单的计算机操作上了，而是演变成为需要具备计算机应用能力和创新能力的高素质人才。然而当前高校的计算机教学出现矛盾的原因主要是学生的计算机水平参差不齐，而且所学的知识与当前社会生活以及工作实际要求相差甚远。

为了满足学生自身的发展和社会的需要，培养出适合社会发展需要的高素质人才，就必须对当前的高校计算机教学模式和教学方法进行改革创新。把新技术与新应用融入高校计算机教学实践活动中，提高学生对于计算机网络技术的认知与应用，全面提高现代大学生的网络信息实践创新能力，是高校计算机教师应该认真思考与解决的问题。

当今计算机技术已经应用到社会的各个方面，给人们的工作、学习和生活带来了巨大的便利，促进了社会的进步与文明的提升。大学生毕业后将会走向社会，他们应该具备先进的计算机知识，能够把计算机技术与经济、管理工作结合起来，增强自己创业的意识、思维和能力，创造高效的管理和运营模式，为社会作出贡献。互联网、移动互联网、云计算、物联网等平台为大学生创业提供了高效、灵活、容易拓展的舞台。大学生学习计算机技术基本内容及创新、创业案例，将对提升大学生掌握计算机技术知识以及创新、创业的思维和能力提供巨大帮助，为社会进步的提升和面貌的改变带来积极的意义，从而提升整个社会的文明程度。

由于计算机技术不断发展，新技术层出不穷，加之作者水平有限，书中难免有疏漏和不足之处，恳请广大读者批评指正。

CONTENTS 目 录

第一章　概　述

第一节　高校计算机课程的教学现状

计算机教学本科教育是新生事物，需要一个从认识到实践的过程。推动计算机教学，必须从认识着手，转变传统教育观念，树立现代高等教育理念，坚持改革创新的实践精神。其一，要学习发达国家发展本科教育的成功经验，借鉴他们的实践成果，将他们的人才培养模式和方式引进我国；其二，在把握本科教育人才培养特征基础上实行分类指导，避免与学术型本科教育“同构化”，在我国传统学术型本科或高职人才培养模式的基础上，进行符合本科教育人才培养规律和适应我国国情的理论研究和教学改革，以改革引领本科教育的发展；其三，要以“产学”合作为基础，以能力培养为核心，进行理念和实践创新，创新本科教育“产学研”结合的学科建设模式、知识创新模式和专业人才培养模式。

高校计算机课程教学是高校人才培养工作的有机组成部分，经过多年的发展与建设，我国高校计算机课程建设取得的成绩有目共睹。为适应信息时代发展与建设的需要，我国高校把《计算机技术基础》课程作为通识教育必修课，面向非计算机专业学生开设，有效地提升了学生的信息技术水平和相关技能。大多数高校开设了计算机相关专业，组织实施专业教学，培养了大量计算机技术领域的高素质专门人才。很多高校还为非计算机专业学生开设了《动画制作》《图像处理》《数据库》等通识教育选修课程，极大地满足了不同专业学生对于信息技术的个性化需求，调动了学生学习计算机课程的积极性，培养了学生对于信息技术的兴趣，很好地落实了“因材施教、促进学生全面发展”的教育理念与教育方针。

一、受传统教学模式的影响，陈旧性仍然存在

计算机网络课程具有知识点多、抽象、难以理解的特点，而且具有较强的课程实践性。传统的课堂教学模式以教师为教学中心，学生在课堂教学中的主体作用往往被忽视了，师生之间缺少互动与交流。这样的传统课程教学模式难以培养学生的学习兴趣以及激发学生的学习热情，对于创新型人才的培养也是非常不利的。

二、实践教学环节没有得到重视

计算机网络课程具有很强的实践性与操作性。计算机课程的实验项目又具有内容随意

性大，实验操作缺乏系统性，不具有标准模式等特点，导致理论知识与实践技能环节相互脱节。当前各高校计算机网络课程的实验教学环境与设施配比仍然没有达到规定的标准，个别参与计算机教学实验环节的教师存在缺乏实践性教学经验的问题。

三、教学体系不完善

计算机信息技术的发展革新速度非常快，使得高校计算机课程教学体系，包括教材内容及教学方式等缺乏应用性、操作性和创新性。教材的换代和书本知识的更新赶不上新技术的发展速度与变化程度，计算机网络课程的教学也就容易偏离培养方向。部分教师的教学模式过于强调计算机技术的原理，而没有考虑到实际情况的局限性，这就使得学生掌握的计算机网络知识无法真正地应用于现实的工作生活之中。这样不仅满足不了对学生创造能力的培养需要，而且也无法满足服务社会的需求，更不利于国家的进步与发展。

四、教学中存在的不足之处

计算机已经成为生活和工作中必不可少的一部分，计算机基础作为教育体系的重要组成部分，在高校教学活动中有着重要的地位。然而，由于受到多方面因素的影响，在高校计算机教学活动的开展过程中，仍然存在着一些不足之处，阻碍了计算机教学改革的进程。主要体现在以下几个方面：

（一）教材的更新速度较慢

如今，科学技术的发展速度飞快，计算机应用软件的更新速度也十分惊人，电脑已经成为家庭中的必备品，学生虽然或多或少地掌握一些简单的计算机操作技巧，但是在系统的理论学习方面仍然离不开学校教学。而部分高等院校的计算机教材却无法适应计算机技术快速发展的趋势，表现出一定的滞后性。

（二）教学内容设置不合理

在教学内容设置方面，显著的问题包括：一方面，教学内容不能与社会需求相匹配。教师在进行教学内容的设置时，通常都没有经过一定的调查研究，而仅仅根据自己的教学经验和教学大纲的需要进行设置，导致学生进入工作岗位之后，无法快速适应岗位需要；另一方面，教学内容不能为学生创造足够的操作空间。部分高校重视理论课程建设的现象，在进行教学内容设置时也将更多的课时安排在理论教学方面，忽视了学生实践操作能力的培养。

（三）教学手段单一

计算机学科与其他基础学科不同，除了理论教学之外，计算机课程更加注重理论与实践的有效结合。在教学过程中，教师不仅要帮助学生构建一个完善的计算机理论知识体系，而且要注重培养学生的实践操作能力，用理论指导实践，以实践检验理论。但是具体的教学活动中，部分教师缺乏先进的教学手段。

（四）教学资源不够丰富

在计算机基础课程的教学方面，很多高校都实现了一体化教学模式，但是由于受到教学资源缺乏的影响，使得课程教学质量受到影响。如计算机多媒体课件的制作内容上，除了教材中的内容，其他方面的素材较少，不利于学生实践能力的培养。

第二节　高校计算机教学培养体系概述

一、现状综述

计算机专业是我国高校的热门专业，企业对计算机人才的需求量也很大，但是多数用人单位却难以找到符合岗位需求的人才。“计算机专业的毕业生就业难，用人单位招聘难”的现象十分普遍，再加上计算机技术在社会中的广泛应用，使得目前高校培养的计算机人才无法填补市场经济发展的空缺。因此，高校应采取相应的措施改善教学现状，以提高计算机专业人才的综合素质，满足社会对计算机专业人才的需要，促进社会经济的发展。

二、当前计算机能力培养体系

（一）软件开发能力培养

1. 概述

软件开发能力培养课程是以培养学生的软件开发能力为主的理论与实践相融通的综合性训练课程。课程以软件项目开发为背景，通过与课程理论内容教学相结合的综合训练，使学生进一步理解和掌握软件开发模型、软件生存周期、软件过程等重要理论在软件项目开发过程中的意义和作用，培养学生按照软件工程的原理、方法、技术、标准和规范进行软件开发的能力；培养学生的合作意识和团队精神；培养学生的技术文档编写能力，提高学生软件工程实践的综合能力。

2. 相关理论知识

软件开发涉及的相关理论知识点主要包括：软件生存期模型；主流软件开发方法；问题的定义与系统可行性调研：系统需求分析的方法与任务；结构化需求分析的图形描述；加工逻辑的描述；结构化系统设计方法与任务、基本的设计策略及不同类型内聚和耦合的特点；系统结构图的基本画法及系统结构的改进原则：面向对象分析、面向对象设计的基本概念；构建对象模型图、事件跟踪图；软件测试的常用方法：测试用例的设计。

3. 综合训练内容

综合训练一般由 2~4 名学生组成一个项目开发小组，选译题目进行软件设计与开发。具体训练内容如下：

熟练掌握常用的软件分析与设计方法，至少使用一种主流开发方法构建系统的分析与设计模型。熟练运用各种工具绘制系统流程图、数据流图、系统结构图和功能模型。理解并掌握软件测试的概念与方法，至少学会使用一种测试方法完成测试案例的设计。分析系统的数据实体，建立系统的实体关系图，并设计出相应的数据库表或数据字典。规范地编写软件开发阶段所需的主要文档。学会使用目前流行的软件开发工具，各组独立完成所选项目的开发工作，实现项目要求的主要功能。每组提交一份课程设计报告。

（二）系统集成能力培养

1. 概述

系统集成能力培养课程是以培养学生的系统集成能力为主的理论与实践相融通的综合性训练课程。课程以系统工程开发为背景，使学生进一步理解和掌握系统集成项目开发的过程、方法，培养学生按照系统工程的原理、方法、技术、标准和规范进行系统集成项目开发的能力，培养学生的合作意识和团队精神，培养学生的技术文档编写能力，提高学生系统工程的综合能力。

2. 相关理论知识

（1）网络基本原理

（2）网络应用技术

（3）系统工程中网络设备的工作原理和工作方法

（4）系统集成工程中网络设备的配置、管理、维护方法

（5）计算机硬件的基本工作原理和编程技术

（6）系统集成的组网方案

（7）综合布线系统

（8）故障检测和排除

（9）网络安全技术

（10）应用服务子系统的工作原理和配置方法

3. 综合训练内容

综合训练课程要求学生结合企业实际的系统集成项目完成实际管理，并加强综合集成能力。由 2~4 名学生组成一个项目开发小组，结合企业的实际情况完成以下内容：

（1）网络原理和网络工程基础知识的培训和现场参观

（2）网络设备的配置管理

（3）综合布线系统

（4）远程接入网配置

（5）计算机操作系统管理

（6）计算机硬件管理和监控

（7）外联网互联

（8）故障检测与排除

（9）网络工程与企业网设计

（10）规范地编写系统集成各阶段所需的文档（投标书、可行性研究报告、系统需求说明书、网络设计说明书、用户手册、网络工程开发总结报告等）

（11）每组提交一份综合课程训练报告

（三）信息技术应用能力（软件测试）培养

1. 概述

信息技术应用能力培养课程是以培养学生的软件测试能力为主的理论与实践相融通的综合性训练课程。课程以软件测试项目开发为背景，使学生深刻理解软件测试思想和基本理论；熟悉多种软件的测试方法、相关技术和软件测试过程；能够熟练编写测试计划、测试用例、测试报告，并熟悉几种自动化测试工具，从工程化角度提高和培养学生的软件测试能力；培养学生的合作意识和团队精神；培养学生的技术文档编写能力，使学生提高软件测试的综合能力。

2. 相关理论知识

（1）软件测试理论基础

（2）测试计划

（3）测试方法及流程

（4）软件测试过程

（5）代码检查和评审

（6）覆盖率和功能测试

（7）单元测试和集成测试

（8）系统测试

（9）软件性能测试和可靠性测试

（10）面向对象软件测试

（11）Web 应用测试

（12）软件测试自动化

（13）软件测试过程管理

（14）软件测试的标准和文档

3. 综合训练内容

由 2~4 名学生组成一个项目开发小组，选择题目进行软件测试。具体训练内容如下：

（1）理解并掌握软件测试的概念与方法。

（2）掌握软件功能需求分析、测试环境需求分析、测试资源需求分析等基本分析方法，并撰写相应文档。

（3）根据实际项目需要编写测试计划。

（4）根据项目具体要求完成测试设计，针对不同测试单元完成测试用例编写和测试场景设计。

（5）根据不同软件产品的要求完成测试环境的搭建。

（6）完成软件测试各阶段文档的撰写，主要包括测试计划文档、测试用例规格文档、测试过程规格文档、测试记录报告、测试分析及总结报告等。

（7）利用目前流行的测试工具实现测试的执行和测试记录。

（8）每组提交一份综合课程训练报告。

（四）计算机工程能力培养

1. 概述

本课程要求学生结合计算机工程方向的知识领域设计和构建计算机系统，包括硬件、软件和通信技术，能参与设计小型计算机工程项目，完成实际开发、管理与维护。学生在该综合实践课程上要学习计算机、通信系统、含有计算机设备的数字硬件系统设计，并掌握基于这些设备的软件开发。本综合训练课程培养学生如下素质能力：

（1）系统功能视角的能力：熟悉计算机系统原理、系统硬件和软件的设计、系统构造和分析过程，要理解系统如何运行，而不是仅仅知道系统能做什么和使用方法等外部特性。

（2）设计能力：学生应该经历一个完整的设计过程，包括硬件和软件的内容。

（3）工具使用的能力：学生能够使用各种基于计算机的工具、实验室工具来分析和设计计算机系统，包括软硬件两方面的成分。

（4）团队沟通能力：学生应团结协作，以恰当的形式（书面、口头、图形）来交流工作，并能对组员的工作做出评价。建议本训练课程在 4 周内完成。

2. 相关理论知识

（1）计算机体系结构与组织的基本理论

（2）电路分析、模拟数字电路技术的基本理论

（3）计算机硬件技术（计算机原理、微机原理与接口、嵌入式系统）的基本理论

（4）汇编语言程序设计基础知识

（5）嵌入式操作系统的基本知识

（6）网络环境等知识

（7）网络环境下的数据信息存储知识

3. 综合训练内容

综合实践课程将对计算机工程所涉及的基础理论、应用技术进行综合讲授，使学生结合实际网络环境和现有实验设备掌握计算机硬件技术的设计与实现；可以完成汇编语言程序设计的计算机底层编程并能按照软件工程学思想进行软件程序开发、数据库设计；能够基于网络环境，进行信息传输，排查网络故障。

由 3 或 4 人组成一个项目开发小组，结合一个实际应用进行设计，具体训练内容

如下：

（1）基于常用的综合实验平台完成计算机基本功能的设计，并与电脑进行网络通信，实现信息（机器代码）传输

（2）对计算机硬件进行管理和监控

（3）熟悉常用的实验模拟器及嵌入式开发环境

（4）至少完成一个基于嵌入式操作系统的应用，如网络摄像头应用设计等

（5）对网络摄像头采集的视频信息进行传输、压缩（可选）

（6）对网络环境进行常规管理，即对网络操作系统的管理与维护

（7）每组提交一份系统需求说明书、系统设计报告和综合课程训练报告

（五）计算机工程项目管理能力培养

1. 概述

计算机工程项目管理能力培养课程是以培养学生项目管理综合能力为主的理论与实践相融通的综合训练课程。课程以实际企业的软件项目开发为背景，使学生体验项目管理的内容与过程，培养学生参与实际工作中项目管理与实施的应对能力。

2. 相关理论知识

（1）项目管理的知识体系及项目管理过程

（2）合同管理和需求管理的内容、控制需求的方法

（3）任务分解方法和过程

（4）成本估算过程及控制、成本估算方法及误差度

（5）项目进度估算方法、项目进度计划的编制方法

（6）质量控制技术、质量计划制订

（7）软件项目配置管理（配置计划的制订、配置状态统计、配置审计、配置管理中的度量）

（8）项目风险管理（风险管理计划的编制、风险识别）

（9）项目集成管理（集成管理计划的编制）

（10）项目团队与沟通管理

（11）项目的跟踪、控制与项目评审

（12）项目结束计划的编制

3. 综合训练内容

选择一个能够为学生所理解的中小型系统作为背景，进行项目管理训练。学生可以由 2 或 3 人组成项目小组，并任命项目经理。具体训练内容如下：

（1）根据系统涉及的内容撰写项目标书

（2）通过与用户（可以是指导教师或企业技术人员）沟通，完成项目合同书、需求规格说明书的编制；进行确定评审；负责需求变更控制

（3）学会从实际项目中分解任务，并符合任务分解的要求

（4）在正确分解项目任务的基础上，按照软件工程师的平均成本、平均开发进度，估算项目的规模和成本、编制项目进度计划，绘制“甘特图”

（5）在项目进度计划的基础上，利用测试和评审两种方式编制质量管理计划

（6）掌握版本控制技能

（7）通过项目集成管理能够将前期的各项计划集成在一个综合计划中

（8）能够针对需求管理计划、进度计划、成本计划、质量计划、风险控制计划进行评估，检查计划的执行效果

（9）能够针对项目的内容编写项目验收计划和验收报告

（10）规范地编写项目管理所需的主要文档：项目标书、项目合同书、项目管理总结报告

（11）每组提交一份综合课程训练报告

第三节　高校计算机学生培养方向概述

鉴于应用型本科侧重于培养技术应用型人才的特点，计算机科学与技术专业应设置计算机工程、软件工程和信息技术 3 个专业方向。在《计算机科学与技术》专业核心知识领域基础上，3 个专业方向应根据各自方向的知识结构要求，确定本专业方向的特色知识单元和与之对应的专业方向学科性理论课程。在此以软件工程方向和信息技术方向的专业特色知识单元为例，其中，软件工程方向专业特色知识单元由 9 个单元组成，信息技术方向专业特色知识单元由 12 个单元组成。

一、应用型本科教育人才培养的共同特征

（一）适应经济发展，培养急需人才

科学技术发展、产业结构调整、经济发展转型、劳动组织形态变革等使经济建设和社会发展对人力资源需求呈现多样化状态。目前，我国经济社会发展急需大量的应用型本科人才。因此，高等教育必须适应经济社会发展，为行业、企业培养各类急需人才。应用型本科教育要透彻了解区域和地方（行业）经济发展现状和趋势，充分把握人才需求新特征，在此基础上，科学定位应用型本科人才的培养目标。

（二）学科、产学研两个基础相互融通、结合

“学科”在本科教育的专业建设与人才培养中起着非常重要的作用。由培养目标决定的应用型本科教育的理论课程应具有一定的系统性、完整性，因此应用型本科教育是以学科为基础的。但理论知识的系统性与学术水平不应单纯指向以科学研究为目的的学科体系，而应更多地指向以应用为目的的学科体系，以对能力培养起到理论支撑作用。因此，

在应用型大学建设中，既要重视专业建设，也要重视学科建设；既要重视专业教师队伍的建设，也要重视学科团队的建设，努力开展科学研究、技术创新和各类学术活动。

产学合作、产学研结合是应用型本科人才培养的基础之一和必然途径。它包括以下内容：注重产学研相结合、产学合作教育和在实战中培养应用能力；紧密依托行业、企业和当地政府，建立高校和产业界互利互惠的合作机制，研究和实践各种产学合作教育形式；充分利用企业的人才、管理、设备与技术优势，建立产学合作的企业实习基地、培训中心和产学研相结合的研究基地；开展应用型科研，解决生产中的实际问题，为区域经济发展做贡献，进一步推动产业发展。

在学科建设中，要注意突出应用型，建设应用型学科。学术研究要注重承担来自生产服务第一线的应用型课题，以及来自行业、企业的横向课题；学术研究的形式应以产学研相结合为主。应用型大学的教授应该既善于解决行业、企业的技术难题，主动为生产第一线提供服务，也应该是技术开发和技术创新的高手，在推动地方或行业经济发展中起重要作用。

（三）人才培养性质以专业教育为主

现代应用型本科人才所具备的能力应是与将要从事的应用型工作相关的综合性应用能力，即集“理论知识、专项技能及基本素质”于一体，解决实际问题的能力。这种能力培养的主要途径是专业教育。以能力培养为核心的专业教育体现在 3 个层面：第一，坚持“面向应用”建设专业，依据地方经济社会发展提炼产业、行业需求，形成专业结构体系；第二，坚持“以能力培养为核心”设计课程，课程体系、课程内容、课程形式的设计和构架都要以综合性应用能力培养为轴心，且打破理论先于实践的传统课程设计思路；第三，贯彻“做中学”的教学理念，要确立教学过程中学生的主体地位，学生要亲自动手实践，通过在工作场所中学习掌握实际工作技能和养成职业素养。

二、构建中国特色的应用型本科教育人才培养模式

（一）培养目标，满足就业需要

培养目标是人才培养模式的核心要素，是人才培养活动的起点和归宿，是开放的区域经济与社会发展对新的本科人才的需求，要做到“立足地方、服务地方”。专业设置和培养目标的制订要进行详细的市场调查和论证，既要有针对性，使培养的人才符合需要，也要具有一定的前瞻性和持续性，尽量避免随着市场变化频繁调整目标。应用型本科教育与学术性本科教育的根本区别在于培养目标的不同，明确应用型本科教育培养目标是培养应用型人才的首要且关键任务，其内容主要有 2 个方面：一是要明确人才培养类型的指向定位；二是要明确这类人才的基本规格和质量。

确定应用型本科教育培养目标的出发点是根据区域经济和社会发展对人才需求的新趋势。一方面，科技发展推动职业岗位知识和技术含量提升，对人才的学历要求随之提升；

另一方面，科技发展和市场经济转型催生出了新的职业岗位，特别是复合型职业岗位的大量出现，对一线工作的本科人才的需求越来越多，这类满足社会经济发展需要的，在生产、建设、管理、服务第一线工作的高级应用型专业人才是应用型本科教育培养目标的类型定位。关于应用型本科教育培养目标的基本规格，仍可以由本科教育改革中所共识的“知识、能力、素质”三要素标准来界定，但其区别在于三要素内涵的不同，体现在应用型上：学科理论基础更加扎实；经验性知识和工作过程知识不可忽视；职业道德和专业素质的养成更加突出；应用能力和关键能力培养同等重要。

（二）专业课程应用导向、学科支撑、能力本位

1. 以应用为导向

“以应用为导向”就是以需求为导向，以市场为导向，以就业为导向。“应用”是在对其高度概括的基础上，考虑技术、市场的发展，以及学生自身的发展可能产生的新需求，而形成的面向专业的教育教学需求。在应用型本科教育中，“应用”的导向表现在5个方面：

第一，专业设置面向区域和地方（行业）经济社会发展的人才需求，尤其是对一线本科层次的人才需求。

第二，培养目标定位和规格，确定满足用人部门的需求。

第三，课程设计以应用能力为起点，将应用能力的特征指标转换成教学内容。

第四，设计以培养综合应用能力为目标的综合性课程，使课程体系和课程内容与实际应用较好衔接。

第五，教学过程设计、教学方法和考核方法的选择要以掌握应用能力为标准。

2. 以学科为支撑

“以学科为支撑”是指学科是专业建设的基础，起支撑作用，专业要依托学科进行建设。学科支撑在专业建设与人才培养中体现在以下4个方面：

第一，以应用型学科为基础的课程建设，开发以应用理论为基础的专业课程。

第二，以应用型学科为基础的教学资源建设，为理论课程提供应用案例的支撑，为综合性课程提供实践项目或实际任务的支撑，为毕业设计与因材施教提供应用研究课题和环境的支撑。

第三，引领专业发展，从学科前沿对应用引领作用的角度，为专业发展提供新的应用方向。

第四，为产学合作创设互利的基础与环境，通过解决生产难题、开发创新技术，以应用型学科建设的实力为行业、企业服务。

3. 以应用能力培养为核心

“以应用能力培养为核心”构建应用型本科人才培养模式的原则，既是应用型专业建设的理念，也是处理实际问题的原则。面向应用和依托学科是构建应用型本科人才培养模

式必须同时遵循的两个重要原则。但在实际中，由于学制范围相对固定，如何协调二者关系，做到既突出面向应用，又强调依托学科，往往成为制订人才培养方案的难点和关键点。“以应用能力培养为核心”主要体现在以下 4 个方面：

（1）建设好支撑应用能力培养的公共基础和专业基础课程平台

应用型教育的学科指应用型学科。应建构一组具有应用型教育特色的学科基础课程，课程内容应遵循应用型学科的逻辑。还可以针对不同专业学科门类，进一步建构模块化的应用型学科基础课程体系。

（2）将应用能力培养贯穿于专业教学全过程

应用能力指雇主需要的能力、学生生涯发展的能力等。能力培养要遵循“理论是实践的背景”和“做中学”的教育理念，将应用能力培养贯穿于专业教学全过程。

（3）按理论与实践相融合的应用型课程原则设计好专业课程

改革课程设计思想和教学方法，整合课程体系，设计课程内容，构建新的课程形式，使理论与实践相融合，实现应用导向和学科依托在课程设计中目标指向一致。

（4）全面职业素质教育是重要方面

专业教育是针对社会分工的教育，以实现人的社会价值为取向。通识教育注重培养学生的科学与人文素质，拓展人的思维方式。应用型本科教育具有专业教育性质，应更多地考虑生产服务一线的实际要求，突出应用能力的培养。同时，也要注重培养学生的职业道德和人格品质，使学生成为高素质的应用型人才。素质的获取不是传授，也不是培训，而是贯穿于人才培养全过程。因此，素质教育不能依靠课堂教学，而是在培养过程中养成环境的创设和教育设计。

4. 坚持课程建设改革与创新

应用型本科教学改革必须坚持课程建设改革与创新。应用型本科教育的课程从性质上大体可以分为三类：理论课程、实践课程、理论—实践一体化课程（也称为综合性课程）。

实践课程包括实验、试验、实习、训练、课程设计、毕业设计等多个具体的教学环节。每个环节对学生培养的目的不同，如实验侧重验证和加强理论知识的掌握，培养学生的研究、设计能力；训练是一种规范的掌握技术的实践教学环节。学术性高等教育更重视实验，实验教学是主要的实践教学内容，而应用型本科教育的实践教学呈多样化状态，尤其要重视训练环节，包括技术训练、工程训练等，以提高学生的实际应用能力。

现实工作中遇到的问题往往是综合性的，因此综合应用能力是应用型人才必备的重要能力。应用型本科教育在人才培养过程中需要开设基于综合应用能力和综合职业素质培养的综合性课程。这种综合性课程的内涵体现在以下 6 个方面：

第一，综合性课程教学方案需要校企合作共同设计，达到企业现行技术和相应综合应用能力的需求。

第二，综合性课程要以提高学生综合应用能力为核心，以提高学生的实践能力和分析、解决问题的能力为出发点。

第三，要力争在真实环境中实施综合性课程教学，或者在仿真环境的校内实践教学基地实施，以使学生适应未来从学校到工作环境的转变，能够很快进入工作状态。

第四，要开发出反映企业主流技术的典型综合性项目和相关教学方案，建设开发运用综合性课程教材、实践指导书等教学资源。

第五，综合性课程以项目式教学为主，更多地引入来自行业、企业的真实项目。

第六，综合性课程强调“教学做”合一的教学模式。

应用型本科教育的理论课程在名称上与学术性教育的理论课程可能相同或相近，但内容和重点有所不同，需要进行课程改革。在课程性质上，实践训练课程、理论—实践一体化课程在课程目标、内容、难度等方面应有较大提升，为适应应用型本科的培养目标，应用型本科教育需要进行课程创新。

5. 教学过程启发式、做中学

适应应用型本科教育、改革教学方法是实现课程目标和激发学生学习积极性的重要举措。知识传授是本科教学的重要内容，因此，传统的讲授方法依然占据重要地位，但是在知识的传授中要强调采用“启发式”的教学法，以引导学生思考问题，主动学习。同时，应用型本科教育主要强调对实际工作的适应性和创造性，强调实际工作平台上的经验、技能和知识的协调统一性，培养重点在于应用能力和建构能力的提升。

“启发式”和“行动导向”的教学法是应用型本科教育采用的主要教学方法。在理论课程教学中，应改变传授式的教学方法，采用“启发式”的教学方法。从案例入手、问题出发讲授理论知识，采用讨论式的教学方法，引导学生思考问题，使学生学会解决问题的逻辑过程和思维方式。“行动导向”教学法强调教学活动中由师生共同确定的实践教学行动引导教学过程，学生通过主动参与式的学习达到应用能力的提高。项目教学、模拟教学、问题导向的教学、基于现场的教学等都是体现“做中学”理念并经实践证明比较成功的教学方法的改革方向。

6. 加强对应用能力的评价与考核

以能力培养为核心的应用型本科教育需从全面考评学生知识、能力和素质出发，进行考核方式方法的改革，注重对学生学习过程的评价，把过程评价作为评定课程成绩的重要部分。同时要采用多种考核方式，如实习报告、调研报告、企业评定、证书置换、口试答辩等综合能力考核方式，配合书面考试，使考试能够促进教学质量的提高和应用型人才的成长。

7. 与高职和专业硕士学位课程相衔接

高等职业教育、应用型本科教育和专业硕士学位教育构成应用型高等教育体系，为经济社会培养各层次人才，应用型本科教育是其中的一个层次。因此，在人才培养模式设计中应注意上下与高职和专业硕士学位课程相衔接，以便不同教育层次的学生可以顺利接受上一个层次的教育。

8. 激励人人成才

应用型本科人才培养模式构架中很重要的一点是如何看待学生，即应用型本科教育的学生观。应用型本科教育要树立大众化高等教育阶段“激励人人成才、培育专业精英”的人才观。要把那些人生目标不同、志趣不同、不想从事学术性工作的学生，培养成适应不同工作岗位的应用型专业人才，指导应用型本科教育的育人工作。

9. 设置新的应用型本科教师标准

学术性教育强调学科教育。分析课程和教学是学术性教育的重要内容，也是科学研究所需要的基本能力。

应用型本科教育的课程设置呈多元化，往往更强调综合性教学和理论—实践一体化课程、训练性课程等。因此，应用型本科教师标准与能力要求和课程设置一样，也要呈现多元化趋势。

应用型本科教学团队既包括能从事学术性教育的教师，也包括具有行业企业等实际工作经验的教师，尤其是对骨干教师的个人能力而言，要求具有与培养目标和规格相一致的能力。因此，针对应用型本科教育的特点，设置新的教师标准十分必要。

三、计算机科学与技术专业应用型本科人才知识和能力体系

计算机科学与技术专业应用型本科人才知识和能力体系主要包括专业核心知识领域和专业实践教学体系，目的是在打好学科基础理论的同时，提高学生的应用能力和综合素质。其中，专业核心知识领域分为 8 个部分，包括 63 个知识单元；专业实践教学体系分为两个部分，第一部分主要由五类应用技能构成，包含 23 个实践单元，第二部分针对软件开发能力、系统集成能力、信息技术应用能力（软件测试）、计算机工程能力和项目管理能力的培养，设计了五类综合训练课程。各学校应根据各自人才培养方案的具体学时安排，对所列出的知识单元、实践单元和综合训练课程进行选择。

第四节　高校计算机学生培养目标概述

对计算机人才的需求是由社会发展大环境决定的，我国的信息化进程对计算机人才的需求产生了重要的影响。信息化发展必然需要大量计算机人才。因此，计算机专业应用型人才的培养目标和人才规范的制定必须与社会的需求和我国信息化进程结合起来。

一、信息社会对计算机专业应用型本科人才的需求

由于信息化进程的推进及发展，计算机学科已经成为一门基础技术学科，在科技发展中占有重要地位。计算机技术已经成为信息化建设的核心技术和一种广泛应用的技术，在人类的生产和生活中占有重要地位。通过对我国若干企业和研究单位的调查，信息社会对计算机及其相关领域应用型人才的需求如下。

（一）计算机应用型人才的培养应与社会需求的金字塔结构相一致

国家和社会对计算机专业本科生的人才需求，必然与国家信息化的目标、进程密切相关。计算机人才培养应当呈金字塔结构。在这种结构中，研究型的专门人才（在攻读更高学位后）主要从事计算机基础理论、新一代计算机及其软件核心技术与产品等方面的研究工作。对他们的基本要求是创新意识和创新能力。

对于应用型人才的专门培养正是计算机专业应用型本科教育的培养目标。目前，其市场需求可以分为两大类：政府与一般企业对人才的需求和计算机软硬件企业对人才的需求。计算机本科应用型人才首先应该能够成为普通基层编程人员，通过一段时间的锻炼，应该能够成为软件设计工程师、软件系统测试工程师、数据库开发工程师、网络工程师、硬件维护工程师、信息安全工程师、网站建设与网页设计工程师，部分人员通过长期的锻炼和实践能够成为系统分析师。

（二）信息化社会对研究型人才和工程型人才的需求

从国家的根本利益来考虑，必然要有一支计算机基础理论与核心技术的创新研究队伍，需要高等学校计算机专业培养相应的研究型人才，而国内的大部分互联网技术企业都把满足国家信息化的需求作为本企业产品的主要发展方向。这些用人单位需要高等学校计算机专业培养的是工程型人才。

（三）计算机市场对计算机应用型人才的需求

计算机市场由硬件、软件和信息服务市场构成。其中，计算机硬件市场由主机、外部设备、应用产品、网络产品和零配件及耗材市场五部分构成；软件市场由平台软件、中间软件和应用软件三部分构成；信息服务市场分为软件支持与服务、硬件支持与服务、专业服务和网络服务四部分。计算机应用型本科人才的培养层次结构、就业去向、能力与素质等方面的具体要求要符合计算机市场的需求。

（四）信息社会对复合型计算机人才的需求

在当今的高度信息化社会中，经济社会的发展对计算机专业人才需求量最大的是复合型计算机人才。对于复合型计算机人才的培养一方面要求毕业生具有很强的专业工程实践能力，另一方面要求其知识结构具有复合性，即能体现出计算机专业与其他专业领域相关学科的复合。

（五）对计算机人才的素质教育需求

以自主学习能力为代表的发展潜力，是用人单位最关注的素质之一。企业要求人才能够学习他人长处，弥补自己的不足，增强个人能力和素质。

（六）信息社会需要培养出能够理论联系实际的人才

目前计算机专业的基础理论课程比重并不小，但由于学生不了解其作用，部分教师没有将理论与实际结合的方法与手段传授给学生，致使一部分在校学生不重视基础理论课程的学习。同时在校学生的实际动手能力亟待大幅度提高，必须培养出能够理论联系实际的人才，才能有效地满足社会的需求。

二、专业培养目标和人才规格

人才培养目标指向是应用型高等教育和学术型高等教育的关键区别，其基本定位、规格要求和质量标准应该以经济社会发展、市场需求、就业需要为基本出发点。

（一）应用型人才培养目标

计算机科学与技术专业应用型人才培养目标可表述如下：

本专业培养面向社会发展和经济建设事业第一线需要的，德、智、体、美全面发展，知识、能力、素质协调统一，具有解决计算机应用领域实际问题能力的高级应用型专门人才。

本专业培养的学生应具有一定的独立获取知识和综合运用知识的能力，较强的计算机应用能力、软件开发能力、软件工程能力、计算机工程能力，能在计算机应用领域从事软件开发、数据库应用、系统集成、软件测试、软硬件产品技术支持和信息服务等方面的技术工作。

（二）人才培养规格

应用型本科专业培养的人才应具有计算机科学与技术专业基本知识、基本理论和较强的专业应用能力以及良好的职业素质。

三、应用型人才能力需求层次、方向模型

对计算机专业应用型人才能力培养目标的设定，需要以提高人才能力需求的层次作为基础依据，人才能力需求层次又将决定专业方向模型，其设定在很大程度上影响着对人才的培养。应用型本科教育的培养要求是使学生毕业时具有独立工作能力，即学校在进行人才培养前首先要对人才市场需求进行分析，依据市场确定人才所需要的能力。应用型本科教育应将能力培养渗透到课程模式的各个环节，以学科知识为基础，以工作过程性知识为重点，以素质教育为取向，以提高毕业生实际工作能力为宗旨。

在计算机人才的金字塔结构中，最上层的研究型人才注重理论研究，而从事工程型工作的人才注重工程开发与实现，从事应用型工作的人才更注重软件支持与服务、硬件支持与服务、专业服务、网络服务、信息安全保障、信息系统工程监理、信息系统运行维护等技术工作。结合应用型本科的特点，人才能力需求层次的划分应涉及工程型工作的部分内容和应用型工作的全部内容，其层次分为获取知识的能力、基本学科能力、系统能力和创新能力。

可以看出，对毕业生最基本的要求是获取知识的能力，其中自学能力、信息获取能力、表达和沟通能力都不可缺少，这也是成为“人才”的最基本条件。学校在制订教学计

划时，更应该注重学生基本学科能力培养的体现，这是不同专业教学计划的重要体现。基本学科能力的培养要靠特色明显的系列课程实现应用型人才所具备的能力和素质培养。

之所以将系统能力作为人才能力需求的一个层次划分，是因为系统能力代表着更高一级的能力水平，这是由计算机学科发展决定的。计算机应用现已从单一具体问题求解发展到对一类问题求解，正是这个原因，计算机市场更渴望学生拥有系统能力，这里包括系统眼光、系统观念、不同级别的抽象等能力。基本学科能力是系统能力的基础，系统能力要求工作人员从全局出发看问题、分析问题和解决问题。系统设计的方法有很多种，常用的有自底向上、自顶向下、分治法、模块法等。以自顶向下的基本思想为例，这是系统设计的重要思想之一，让学生分层次考虑问题、精益求精；鼓励学生由简到繁，实现较复杂的程序设计；结合知识领域内容的教学工作，指导学生在学习实践过程中把握系统的总体结构，努力提升学生的眼光，实现让学生从系统级上对算法和程序进行再认识。

创新能力来自不断发问的能力和坚持不懈的精神。创新能力是在一定知识积累和开发管理经验的基础上，通过实践、启发而得到的。创新关键的首要条件是要解放自己，因为一切创造力都根源于人潜在能力的发挥，所以创新能力是在获得知识能力、基本学科能力、系统能力之上。一个企业的发展必须要有一个充满创新能力并且团结协作的团队。

应用型本科必须吸纳学术性本科教育和高等职业教育的特点，即在人才培养上，既要打好专业理论基础，又要突出实际工作能力的培养。因此，计算机科学与技术专业应用型本科教育应根据学科基础、产业发展和人才需求市场确定计算机科学与技术专业应用型人才培养目标，探索新的人才培养模式，建立符合计算机应用型人才的培养目标，以解决共同面临的教学改革问题。

四、以专业规范为基础的教学改革

（一）突出应用型人才培养目标的指向性

根据应用型本科教育人才培养模式中“以应用为导向、以学科为基础、以应用能力培养为核心、以素质教育为重要方面”四条建构原则，在专业教学改革中必须强调：计算机科学与技术专业应以培养应用型本科人才为主，应用型人才是我国经济社会发展需要的一类新的本科人才，其培养目标的设计要具有这类新的本科人才的类型特征。在人才的培养规格、专业能力和工作岗位指向等方面要有别于学术型人才的培养目标。

为了突出应用型人才培养目标的指向性，应用型教育本科层次的培养目标应定位于满足经济社会发展需要的，在生产、建设、管理、服务第一线工作的高级应用型专门人才，即计算机科学与技术专业应用型人才培养方案的培养目标应明确表述为：本专业培养德、智、体、美全面发展的，面向地方社会发展和经济建设事业第一线，具有计算机专业基本技能和专业核心应用能力的高级应用型专门人才。

（二）设计应用型人才培养规格

计算机本科专业下设 4 个专业方向：计算机科学、计算机工程、软件工程和信息技

术。鉴于应用型本科侧重于培养技术应用型人才的特点，考虑计算机科学与技术专业设置计算机工程、软件工程和信息技术 3 个专业，其人才培养规格为：具有扎实的自然科学基础知识，较好的经济管理基础、人力社会科学基础和外语应用能力；具备计算机科学与技术专业基本知识、基本理论和较强的专业能力（专业能力包含专业基本技能和专业核心应用能力两方面内涵）以及良好的道德、文化、专业素质。强调在知识、能力和素质诸方面的协调发展。应用型计算机专业人才的知识结构、能力结构、素质结构的总体描述中 A 类课程——学科性理论课程是指系统的理论知识课程，包括依附于理论课程的实践性课程，如实验、试验、课程设计、实习、课外实践活动等；B 类课程——训练性实践课程是指应用型本科教育新增加的一类实践课程，包括单独开设或集中开设的实践课程，旨在掌握专业培养目标要求的专项技术和技能；C 类课程——理论—实践一体化课程或称为综合性课程，也是应用型本科教育新增加的课程类型，旨在培养综合性工作能力。

（三）遵循“依托学科、面向应用”的课程体系构建原则

应用型本科教育教学改革主要包括理论导向、培养目标、专业结构、课程改革 4 个方面，其中课程体系改革是应用型本科教学改革的关键。为了有效缩小大学的本科学习和毕业工作之间的差距，依托学科，面向应用，实现知识、能力、素质的协调发展，着眼于教育教学过程的全局，从人才培养模式的改革创新入手，依据应用型本科人才培养目标，构建“学科—应用”导向的课程体系。应用型本科教育的课程体系应包括以下 4 组课程。

学科专业理论知识性课程组；专业基本技术、技能训练性课程组；培养专业核心应用能力的课程组。

构建计算机专业的应用型本科课程体系的基本原则应该是：从工作需求出发，以应用为导向，以能力培养为核心，建设新的学科基础课程平台；组建模块化专业课程；增加实践教学比重，强调从事工作的综合应用能力培养。通过改革理论课程，增加基本技术、技能训练性课程，创新理论—实践一体化课程，依据各自学校的实际条件，最终形成有特色的应用型本科专业课程体系结构，计算机专业课程体系应当采用适当的结构图（如柱形图、鱼骨图等）形式来描述，并在各学校的专业人才培养方案中明确给出相应的课程体系结构。

伴随着时代的发展和社会的进步，高等教育的教学质量越来越受到关注，质量问题已成为高等教育改革与发展的核心问题。在我国教育领域，关于学生主体和主体性的学术探讨屡见不鲜，以学生为主体开展教学活动的理念已经获得教育界的共识。计算机实用软件类课程的教学具有其突出的特点，在高等教育阶段，尤其需要突出学生的主体地位、发挥他们的主体性。

高等教育大众化推动了高等教育的快速发展。为了顺应高等教育大众化发展的需要，培养出符合社会经济发展需要的应用型人才，各大高校都在借鉴国内外先进的应用型本科教学模式的基础上，锐意进取，不断改革创新，找到符合本校特色的计算机科学与技术专业应用型本科人才培养方案。

第二章　基于慕课模式的计算机基础课程研究

第一节　慕课的混合学习模式设计

基于慕课的混合学习模式被界定为：在信息化环境下，为了完成教学目标和教学任务等，借助优秀的慕课资源，采取同步和非同步的方式，将传统课堂学习和在线学习相融合，有效地应用于教育领域的一种全新的学习模式。

一、慕课混合学习模式的优势

（一）传统课堂学习与慕课在线学习相融合

基于慕课的混合学习中，将慕课的优秀资源与传统课堂相融合，实现一种全新的学习模式。传统的课堂教学是教师在课前搜集大量与教学内容相关的素材，然后在课堂上将这些内容以集中授课的形式向学生呈现出来。传统课堂学习能够充分发挥教师的主导作用，师生面对面交流加强了师生之间思想的碰撞，这些优势是在线学习所欠缺的。但是传统课堂学习中也存在一些不足之处，教师作为教学中的知识传递者，制约了学生参与学习的主动性。而慕课在线学习中，学生可依据各自获取知识的特点和需求自行安排学习进度，对教学视频随时随地进行反复观看，弥补了传统课堂教学的不足之处。将传统课堂教学与慕课在线学习相融合，发挥各自的优势，能够有效地促进教与学。

（二）自主学习与合作学习相结合

在进行混合学习设计时，既要关注学生的自主学习，也要关注以小组的形式开展的合作学习。通过学生之间的合作可以实现学生从多个角度探寻解决问题的路径，开阔思路，在已有想法与他人的想法不断相互碰撞的过程中，梳理知识体系，以小组的学习目标为主要导向，通过合作交流，相互学习。

慕课不仅是学生学习的平台，还是师生随时随地进行信息交流的平台。教师将慕课中的优秀资源提供给学生，学生可自主安排学习进度，并对教师提供的资源进行有选择的学习，对学习中遇到的问题，可利用慕课交互功能来实现资源共享。慕课为自主学习与合作学习提供了强有力的支持。

（三）单一互动与多方位互动相结合

慕课在线学习为师生、生生之间的互动提供了更大的平台，线上有网络讨论组，学生可以借助慕课平台与其他同学实现在线交流，分享心得或优秀教学资源。在线上的答疑专区可随时与授课教师进行交流，解决学习中遇到的问题。在线下传统课堂中可以实现面对面互动，教师组织学生以小组的形式展开讨论，并通过小组竞争提高学生的学习兴趣和学习质量，使学生在不断的交流中获取知识。

二、慕课混合学习模式设计原则

（一）主动性原则

建构主义学习理论认为，学习活动要在有利于知识建构的情景中开展，尽可能让学生与周围环境进行信息交互，主动去构建知识，这样能够激发学生的学习兴趣，促进学生自主学习。在构建基于慕课的混合学习模式中，线上学习拥有自由灵活的学习环境，学生可结合已有知识，自主安排学习进度，构建知识。课堂上开展混合学习的重点是调动学生学习的主动性。在学习活动中，学生是信息加工的主体，教师应促使学生主动学习。

（二）系统性原则

基于慕课的混合学习模式的设计过程就是一个系统化过程，前端设计与开发、学习活动、学习评价等环节是整个模式系统中的要素。前端设计与开发系统由学习环境、学习者分析、学习内容 3 个要素构成。对基于慕课的混合学习模式进行设计时，要利用系统的方法使模式中各要素协调一致，充分发挥各要素在系统中的作用。在学习理论、教育传播学理论和教育心理学理论的指导下，调整该模式中各要素之间的关系，确保各要素间相互配合，优势互补，以实现最佳的教学效果。

（三）社会性原则

社会性是教育的基本属性，有效的交流对学生在获取知识的过程中进行意义建构有极大的促进作用。在基于慕课的混合学习活动中，慕课平台不仅有优秀的学习资源，而且设有互动专区，供师生、生生进行交流与分享。课上开展合作探究活动，给予学生更多的交流互动时间和空间，组间学习互助，增进学生感情，有助于突出学生的主体地位。

三、慕课混合学习模式的主体框架设计

以学习理论、教育传播学理论和教育心理学为依据，基于慕课平台和传统课堂环境，尝试进行基于慕课的混合学习模式构建。

（一）阶段一：慕课混合学习前期准备

这里的教师定位为开展混合学习活动的教师，在课程开始之前，教师对每门课程的基本情况进行详细分析与解读，这个阶段主要包括学习者、学习内容和学习环境 3 个方面，

通过对这 3 个方面的分析，考虑在课程中实施此模式是否合适。

1. 学生层面分析

在整个教学过程中，课堂活动空间都是属于学生的，所有的活动均围绕着学生这个中心而进行。在这个环节中，教师需要了解学生原有的知识储备、学习偏好、学习动机、课外学习环境、应用慕课平台的熟练程度、个人对混合学习的态度等。

（1）学生的初始能力。无论在活动的组织还是教学上，都要适应学生的初始能力。学生的初始能力主要包括：一方面，学生在开展新知识学习前已具备的知识和技能，由此为学习新内容做铺垫；另一方面，学生在学习新内容时所表现出来的态度。在分析学生的初始能力的基础上，才能确定教学起点，选择教学方法。

（2）学生的学习风格。学习风格包括学生习惯采取什么样的学习方式、在学习环境中的反馈如何、表现出什么样的态度等。学习风格由持续一贯的学习方式决定。在基于慕课的混合学习中，学生的学习风格是在小组活动中表现出来的。教师根据学生的学习风格来制订教学策略，这样能为学生提供分类指导，提高学生的学习能力。

（3）学生的一般特征。在学生获取知识的过程中影响其学习的心理、生理的特点都是学生的一般特征。在学生的一般特征中，与学习有关的主要有情感、智能等。学生的一般特征中既有相同点，又有不同点，这就要求教师在集中教学时根据相同点来选择与组织学习内容，同时要把握学生的个体差异，做到因材施教。学生的一般特征影响着学习方法、媒体的选择。

2. 学习内容分析

在对学生进行分析的基础上，以学生的实际需求为学习活动的中心，并依据学生的实际需要去选择学习内容，进而确定哪部分在慕课平台上学习，哪部分在课堂上学习，以促进学生的学习。在基于慕课的混合学习中，学习内容由课本资源和慕课平台上提供的学习资源两部分构成。接下来，从以下几个方面分析学习内容。

（1）分析单元内容，设定单元目标。在开展基于慕课的混合学习活动中，教师可以依据学生的实际情况，调整教学内容，根据学生实际学习需求进行活动安排，进一步设定单元目标。

（2）将知识点细分，归纳、总结具体的知识类型。例如，计算机的基本术语这类要素知识都属于事实性知识。概念性知识又分为分类和类别的知识（如文件的类型、句子成分等），原理和通则的知识（例如，电荷守恒定律、射影定理等），理论、模型和结构的知识（如学校院系结构等）。程序性知识是有关具体操作步骤的知识。

（3）对慕课平台资源进行充分筛选。慕课平台上资源繁杂，教师应依据学生和课程使用教材等实际情况对资源进行筛选、整理，并针对慕课资源的内容为学生制订慕课平台学习任务单。学生在进行慕课学习前，通过学习任务单去了解慕课平台资源的主要内容、学习目标等，在此基础上可依据自身特点和需要对资源进行选择性学习。

3. 混合学习环境分析

慕课平台为学生提供了一个开放、灵活的学习环境。在慕课学习环境中，慕课在线资源为学生提供了课上所需的基本知识，学生在不受时间、空间限制的环境下开展自主学习。线下课堂上，教师给学生提供必要的学习工具、学习资源等，为学生创设合作学习环境。

基于慕课的混合学习方式一方面体现在学生与教师进行面对面的学习活动中。在多媒体环境下，教师带领学生对知识点进行系统的梳理，以问题的形式指导学生开展合作学习，充分调动学生的积极性，营造良好的学习氛围，增强学生的集体观念和社会责任感。另一方面体现在学生利用慕课平台积极主动地参与到学习活动中去。具体而言，学生可以在任何时间、任何地点，依据学生自身的学习特点和要求来安排学习进度，对教学视频随时随地进行反复观看，这是课堂学习的扩展。

（二）阶段二：慕课混合学习活动设计

在混合学习活动开始前，通过问卷调查与测试两方面来了解学生的初始能力。组织学生自由成立活动小组后，小组建立班级群讨论组，以便课后组间交流。以学生为中心开展小组合作学习活动，由一个个小组活动构成活动体系，教师把课中更多的时间留给学生，教学在多媒体环境下进行，教师利用传播媒介为小组活动提供必要的学习资源。课中活动主要包括以下 3 个环节。

1. 课前

课前，教师在前期分析的基础上向学生提供在线课程视频、教学计划以及课前学习任务单。学生借助学习任务单去了解在线课程内容、学习目标和学习重难点后，自由安排时间开展自主学习，借助在线课程可将课堂中的知识传授转移至课前完成。线上课堂中，学生与线上教师、平台上的同学在讨论模块就各自的疑虑、问题开展线上讨论，将未解决的问题反馈给线下课堂教师。

2. 课中

（1）教师点评。课中环节在线上课堂中开展，因为慕课视频课程结构具有“碎片化”的特点，所以在课中，教师需要带领学生对课前观看慕课课程视频中的知识点进行系统的梳理。教师以问题的形式，由浅入深，层层深入地帮助学生与课前所学知识建立起联系。对学生课前学习中遇到的问题以启发诱导的形式进行多维度探讨，从而实现与学生思想的碰撞。对于教学难点，教师的点拨非常重要，能够促进学生的触类旁通，这也是学生提高学习成效的重要环节。

（2）分配任务，合作探究。在对所学知识进行归纳整理的基础上，教师给学习小组分配学习任务，组长组织小组成员沟通、交流、讨论，并确立小组分工。学生以小组任务为导向开展学习活动。通过小组间合作与交流，小组成员在取得彼此信任的基础上把认识引向一个又一个新高点。开展合作探究学习活动，注重学生互助性的学习过程，使学生主动参与，积极沟通，有助于培养学生的创新能力和团队意识。

（3）作品展示，问题反馈。在这个环节中，整个活动采用翻转课堂的形式，学生作为教学活动的主体，通过探究活动主动发现问题，寻求解决办法。小组作品展示完毕后，组内成员对作品的优势与不足加以补充，其他小组成员再对作品提出建议或意见，对讨论中存在的问题和疑虑，教师做详细的解答。通过对合作探究活动的观察，教师从学生个体、学生小组以及学生整体等多个方面对学生进行激励和公平性评价。

3. 课后

课后环节的主要任务是对问题深化，这一环节都是在线进行，利用慕课平台和班级的班级群进行课后练习。教师布置的课后作业可来源于慕课平台中的测试板块，学生完成测试后，慕课平台提供实时反馈，可视化的数据能够帮助学生了解自己对知识的掌握情况。课后作业还可来源于教师根据学生课上对知识的掌握情况设计的课后练习，并发布在班级群中。

（三）阶段三：学习评价设计

基于慕课的混合学习模式特别关注对整个学习活动过程的分析，进而做出评价。在对学习过程分析与评价后，及时对学习模式进行调整。学习评价设计是在前两个阶段的基础上，对学习效果进行评价。基于慕课的混合学习的评价资料和数据不仅来自面对面课堂中学生的表现，而且来自在线平台中学生的表现。

1. 面对面课堂

面对面课堂中包括课堂表现与作品成果展示。课堂表现：教师通过课堂观察学生的上课状态、发言质量和在讨论组中的表现，如是否积极参与小组活动、对小组的贡献等，作品成果汇报：将小组作品作为学习活动的总结性评价。通过学生的成果汇报展示，教师对学习过程中的各种要素进行评价，小组作品的成绩由作品自身的成绩和组内互评成绩两部分组成。

2. 在线平台

在线平台中包括慕课平台测试与作业和慕课平台参与度。慕课平台测试与作业：课后作业是衡量学生是否掌握已学知识的重要方式，教师筛选慕课平台上测试与作业中的全部或部分内容作为课后习题，学生在下次课的课前将完成的作业除了发送到教师邮箱，还要转换成图片或视频格式上传到班级群，以供大家学习和交流。慕课平台测试与作业的目的和意义在于检查学生对技能的应用和知识的拓展延伸。慕课平台参与度：教师可通过查看在线平台讨论组，记录学生在慕课平台中参与讨论组后发表话题的数量和质量，以此作为慕课平台参与度的评价。

教师利用以上评价，根据实际教学活动中遇到的问题，分析问题产生的原因，通过修改和更正学习模式、补充学习资源、调整学习活动等来促进教学目标更好地完成。

四、慕课《大学计算机基础》课程混合学习模式应用

下面以《大学计算机基础》课程为例，说明基于慕课的混合学习模式的应用效果。

（一）“大学计算机基础”课程特点

《大学计算机基础》是一门注重实践的课程，该课程强调对知识的实际运用，旨在培养学生的计算机应用能力、素质等，是大学教学中不可缺少的组成部分。课程要求学生：（1）了解计算机的发展史和掌握计算机课程的基础概念，并且形成一个计算机知识体系，在此基础上进行计算机课程的相关学习；（2）掌握计算机系统的基础知识、计算机网络和因特网、数据库系统基础及应用类软件的使用，通过实际操作发现问题，解决问题，从而获取更多的知识。

（二）《大学计算机基础》课程传统教学现状

有教师对《大学计算机基础》课程进行跟踪访谈，了解到《大学计算机基础》课程内容丰富，涵盖面广，实践性强，是一门理论与实践相结合的课程，但是也存在以下问题。

1. 教学互动少

理论课教学中主要是以教师的课堂讲授为主，师生、生生之间互动较少，不能提高学生的参与度，很难激发学生的学习热情。

2. 学习基础存在巨大差异

新入学的大学生都具备一定的信息技术应用能力，但在总体水平上表现出很大的差异：一部分学生能够熟练操作办公软件、常用工具及网页制作等，还有一部分学生计算机水平局限在网络的应用上，对计算机的基础掌握程度不理想。《大学计算机基础》课程内容多、课时少，教师负担重，因而难以顾及基础很好与基础差的学生，不能做到因材施教，从而学生失去了对计算机课程的学习兴趣。

3. 学习资源缺乏

丰富的学习资源有利于学生对知识的构建，丰富学生的知识储备，为学生探索知识提供更多路径。传统教学中，学生的学习资源主要来自教师课堂展示的教学课件。而《大学计算机基础》课程知识点多，技术应用更加强大，需求多样性增加，这就要求学生需要通过大量的紧跟时代步伐的优秀作品来实现知识拓展。

（三）准备阶段

1. 学生层面分析

选取的学生是来自某学院一年级学生，共计 41 人，通过学生的问卷调查与学生访谈来开展。从以下 3 个方面来分析。

（1）学生的初始能力。一方面，在本课程开始前，教师参考高中信息技术课程内容，以测试的形式了解学生已经具备的知识和技能，并以此为新知识的学习做铺垫。从调查结

果上看，学生对 Word 部分掌握较好，而对 Excel 部分接触较少；另一方面，根据学生掌握新知识的程度进行学习资源的设计，以满足不同学生的需要，为学生筛选适合的参考资源，以此设定课程的教学起点。

（2）学生的学习风格。大学一年级的学生形成了被动接受知识的授课形式。而《大学计算机基础》与学生以往的课程形式不同，注重灵活运用，所以学生对课程充满期待，有着浓厚的学习兴趣。大学一年级的学生乐于与他人交流，促进感情，希望在学习中能够以小组为单位来完成任务，这里所说的学习风格更加强调在小组中学生所表现出来的学习风格，为后续课程的设计提供依据。

（3）学生的一般特征。课程的学习者为大学一年级的学生。他们思维活跃，具有很强的创新意识，并且绝大多数学生能够认识到通过学习这门课程可以用计算思维解决问题，但是传统的授课方式是以教师讲授为主，学生缺乏团队意识和协作精神，所以必须由教师开展一些团队协作活动。通过小组协作进行交流，使学生都能主动地参与到课程活动中。

2. 学习内容分析

学习内容既包括教材，也包括慕课平台线上资源。应用研究的慕课学习资源是《大学计算机基础》，主要目标是通过掌握计算机的基本理论知识和常用软件的应用，为培养学生的计算能力、创新能力和后续课程打下坚实的基础。

3. 学习环境分析

《大学计算机基础》课程的学习环境主要分为网络学习环境和多媒体教室学习环境。

（1）网络学习环境。网络学习环境是指班级群的交流平台和慕课学习平台。班级群为学生和教师建立一个不受时间和空间限制的平台，在课前利用班级群来发布课前学习任务单，学生借助学习任务单进行慕课平台的在线学习，最后将收获和疑虑分享到班级群中。利用慕课学习平台实现课前的在线学习，这种开放式的学习环境可以使学生利用课余时间开展慕课平台的在线学习活动，对存在的不解和疑虑可以在平台中的讨论区模块与授课教师进行沟通，寻求解决方法。

（2）多媒体教室学习环境。在课堂教学中，多媒体教室已成为必不可少的教学工具。教师在课前搜集大量与教学内容相关的素材，如文字、视频等，然后将所学习的内容利用多媒体教学设备呈现出来，充分发挥现代化教学设备对课堂教学的作用。在课堂教学中，教师利用多媒体教学广播软件对学生的练习情况进行检查，对于常见的问题，让学生以角色扮演的形式将自己的作品展示给所有同学看，最后实现小组之间和小组内部的在线评价，激发学生参与活动的参与度和积极性。

（四）学习活动的设计与实施

1. 学习活动设计

在进行课堂学习组织实施之前，设计具体的学习活动。

2. 实施过程

在教学过程中，亲自参与到活动中，包括前期分析阶段中的各环节，如发布学习资

源、参与学生在班级群中的讨论、帮助引导学生等。下面以《计算机基础》课程中 Excel“公式与函数”为例，说明基于慕课的混合学习的实施过程。

（1）课前学习。学生借助优秀的慕课课程和相应的学习任务单，完成课前的学习任务，并将学习中遇到的问题在慕课平台中的讨论组模块中与线上授课教师交流。对未解决的问题，学生通过班级群将问题反馈给课堂授课教师。教师对学生在课前在线学习中遇到的问题进行搜集整理，归类分析。

（2）课中学习。课中学习环节中，包括以下 4 个方面。

①温习重点。温习本节课的学习重点：公式的表达方式与常见的 4 种运算符。学生结合课前学习资源与教材思考本节课的学习重点，演示在 Excel 中用公式对表格进行求和计算。学生分组讨论典型运算符计算的例子，并派代表对公式的含义及结果进行汇报，教师再针对未解决的问题加以补充。

②问题答疑。教师对课前学习中学生遇到的问题进行分类汇总后发现，“相对引用与绝对引用的区别”“if 函数的使用方法”两个知识点学生普遍存在疑虑。这时，教师利用相关案例带领学生寻根溯源，举一反三。

③合作探究。教师带领学生开展探究任务，让学生明确任务主题，并以小组为单位展开协作探究活动。教师参与到学生的小组活动中，借助课堂观察表，记录各组之间及组内成员的表现。

④总结评价。教师组织学生对作品—成绩单进行组间及组内评价，并对学生在合作学习中遇到的问题进行总结，对学生的表现进行评价。小组派代表展示小组作品，并分享制作过程中遇到的问题与体会，对组间和组内进行小组评价。

（3）课后学习。教师布置课后学习任务，对课后作业中未解决的问题与学生交流沟通、答疑解惑，并对本次课程进行综合评价。学生完成在线课程中测试与作业模块部分，并将线上未能解决的问题反馈给课堂教师。

（五）学习评价

基于慕课的混合学习模式注重对学习过程的分析与评价。在对学习过程分析和评价的基础上不断修改、完善，及时调整教学计划和教学方法，这是一个循环不止的过程。学习评价设计是在前两个阶段的基础上，对学习效果进行评价，基于慕课的混合学习的评价项目由课堂表现、课堂小组作品、学生个人作品、慕课平台参与度、课后测试与作业几部分组成。

（六）基于慕课的混合学习模式应用效果分析

对混合学习模式应用效果的分析，采取调查问卷和学生访谈来收集学生对本次学习模式的感受与评价。问卷通过班级群发送到每位被试者手中，题目采用单项选择题的形式，共发出 38 份问卷，收回 36 份，问题有对慕课平台的使用、混合学习满意度、慕课平台与课堂融合的态度和对本次学习活动的评价。面对面访谈是在整个实验过程中及实验结束后。在这一过程中，对超过 50%的学生进行了较深入的情况了解。下面将从慕课学习满意度和混合学习满意度两个方面进行总结。

1. **慕课平台学习满意度**

通过课前对学生学习情况的调查及课后的实施效果对比来看，在教学实践开始前有94.44%学生没有在慕课平台学习过，而利用慕课平台进行混合教学实践后，学生对利用慕课平台进行学习表现出积极的态度。有86%的学生认为慕课学习满足了他们课前实现个性化学习的需求，有助于提高自主学习能力。有14%的学生认为，由于课余时间受网络环境的限制，利用慕课平台进行课前学习有困难。

2. **混合学习满意度**

课后通过与学生进行访谈了解到，学生普遍认为本次课程中使用的混合学习模式让课堂活动更加丰富，他们喜欢这样的学习活动，让他们感到课堂变成依据学生的需求灵活开展学习活动，课堂氛围也轻松愉悦，为他们与教师、同学沟通交流、表达自己的看法创造了条件。但学生也表示混合学习活动会比之前占用更多的时间，更有一部分学生提出了疑问，如果以后也采用这样的授课形式，课程内容是否能按时完成。

总的来说，学生对于基于慕课的混合学习在本次教学中的应用持积极态度，对本次课程给予了肯定。基于慕课的混合学习模式强化了学生的主体地位，增加了生生、师生间情感的交流和思想的碰撞，强化了学生自主学习与合作学习的意识。

第二节　慕课翻转课堂教学模式的构建

随着信息技术的飞速发展，高校教学改革也在紧锣密鼓地进行着，在人才培养方面更注重学生素质的全面发展。因此，构建一种新型教学模式来提升学生的表达能力、自主学习能力、协作学习能力和实践动手能力显得至关重要。从信息技术推动下产生的慕课和翻转课堂入手，寻找一种助力高校课堂教学改革的教学模式，实现从“以教师为主体”向“以学生为主体”，“以教为中心”向“以学为中心”的转变。新的教学模式以慕课平台为基础将传统课堂进行翻转。下面将主要分析慕课翻转课堂教学模式的构建。

一、翻转课堂

（一）翻转课堂概念界定

“翻转课堂”亦被人们称作“颠倒课堂”或“反转课堂”。国内外研究者对翻转课堂的概念有着不同的诠释。

国外学者认为，翻转课堂就是把传统课堂上课程知识讲授的过程移到课外，充分利用课上时间来满足不同个体的需求。

还有学者认为，翻转课堂是教师给予学生更多的自主权，把传授知识的过程放到教室外进行，让大家自主选择喜欢的方式学习新知识，把知识内化的过程放到教室内进行，以便加深学生和学生、学生和教师之间的交流和互动。

国内学者认为，翻转课堂就是以信息化环境为基础，教师为学生提供教学视频等多种形式的学习资料，而学生要在课堂教学开始之前对这些学习资源进行自主学习，可以具体理解为，课堂上则是教师与学生进行问题答疑、互动交流和实践操作的一种新型教学模式。

综合以上观点，翻转课堂是以信息技术为支撑，课前学生利用多种教学资源，如音频、视频、文档等进行自主学习，完成基础知识的传递，课上则是进行知识的内化，展开问题答疑、合作探究和实践操作的一种新型教与学的模式。

（二）翻转课堂的本质内涵

1. 颠倒了传统的教学流程，为课堂教学营造了自主轻松的氛围

传统教学的流程多是教师在课堂上讲授，学生课后完成作业知识的内化。翻转课堂则需要学生自主在课前进行知识学习，课上时间则用来进行师生互动、小组协作以及实践操作。这样的教学流程使课堂氛围变得更加轻松自由，学生也会更加积极投入，有利于提升教学效果。

2. 教师和学生角色发生转变，凸显以学生为主体的教育理念

在翻转课堂教学模式下，学生课前通过观看视频、PPT 等教学资源对知识进行学习，课上再与教师以平等的身份共同探讨，展现出一种个性化的学习方式。

3. 方便的网络平台和丰富的教学资源实现了资源共享和互动交流

在翻转课堂教学模式下，教师课前把 PPT、视频、测试题等各种学习资源共享到学习平台上，学生可以随时随地进行泛在学习并实时反馈遇到的问题。有了这一过程，教师可以及时查看并精心进行课上教学设计，也可以在网络平台上进行互动交流，从而大大增进了师生的互动交流。

（三）翻转课堂的优势

1. 翻转课堂使学生真正做到个性化的学习

在翻转课堂教学模式下，学生课前通过教师提供的教学资源进行自主学习，自由安排学习进度，也可以通过通信软件或慕课平台求助教师和同学，真正实现了个性化学习。

2. 翻转课堂体现了学习中的互动，改进了课上教学氛围

翻转课堂最大的优点就是增加了课堂上师生、生生之间的互动交流。而学生通过课前的自主学习，课堂上就可以积极参与讨论。教师可以观察小组协作中学生的表现，引导他们相互学习，共同探索知识，碰撞出更多知识的火花，共享学习的快乐。

3. 翻转课堂可以弥补学生由于客观原因无法正常上课的不足

目前，高校十分重视学生素质能力的全面发展，所以会举办许多类型的校园活动，如校园歌手大赛、晚会、社团活动等。为参加相关活动，部分学生必须请假进行排练，不可避免地会耽误课程。然而，翻转课堂能解决这样的问题，只要教师把课前录制的视频资

源、文档、PPT 等学习资源上传到学习平台，学生便可以在课下可以提前预习或课后复习，这样学生就不必担心活动与课程冲突了。

二、慕课翻转课堂教学模式的可行性与优劣势

（一）慕课翻转课堂的可行性

目前，一些慕课平台已经具备了和高校相似的完善体系结构，但仍无法完全代替传统高校。慕课学习者需要自己设定学习目的和参与度，但很多学习者并不具备高度自控的学习经验和能力，当学习过程中遇到困难或兴趣减退时就会削弱学习意愿导致退出学习，所以慕课平台上的学习完成率较低。此外，慕课还存在平台教学管理制度不完善、学生之间的协作交流不足、信息量过载等问题，给学生带来了选择困惑。翻转课堂和慕课的结合恰恰能有效地弥补慕课存在的不足。翻转课堂是将以往课堂上教师给学生讲授知识的过程挪到了课外进行，如此学生在课外进行自主学习的时候往往会面临学习资料的查找、选择以及自主探究等问题。慕课平台为翻转课堂教学模式下学习的学生提供了便利的条件，其中所包含的大量开放性学习资源，使学生可以根据自身的因素选择适合自己的学习资料。

（二）慕课翻转课堂教学模式的优势

信息技术在教育领域中的普及和迅速发展，为翻转课堂这种新型教学模式的产生提供了条件。它为教师和学生创设了更加自由的教学环境，提供了更加多样的教学资源，增强了师生交互方式，同时深刻影响了教学内容、方法，甚至产生了教学观念的变化。

慕课翻转课堂为学生营造了一种自由轻松的学习氛围，同时增加了教师和学生之间以及学生和学生之间的互动，实现了个性化的学习方式；教师不再只是讲台上知识的领导者，而是学生学习过程中的辅助者、促进者；慕课翻转课堂支持平台上的教学视频、幻灯片等教学资源，可以把教师教学的内容完整地保存下来，为学生复习提供方便，还可以弥补学生由于生病等客观原因无法正常上课的不足。

要真正实现慕课翻转课堂，学生课前的自主学习至关重要。然而，课前的自主学习并不只是简单地提前看看课本知识或做一些习题，而是要使学生课前真正深入地学习知识。

三、慕课平台分析指标构建

支持平台的选择对翻转课堂的实施起着至关重要的作用，需要一个比较完善、科学的学习平台来支持教学。课程资源的呈现，师生、生生间的交流互动和学习，教学评价，课程管理等教学活动都需要平台的支撑。

结合国际著名网络教学平台评估网站学习管理工具、系统支持工具、系统技术特征的经验和网络教学平台组成要素的优势，尝试从用户角度提出了网络教学平台功能的分析指标，进而构建了慕课平台的分析指标，包括学习管理工具构建、系统支持工具构建和系统关键技术选择 3 项。

1. 学习管理工具构建

慕课平台分析指标的学习管理工具由交流工具、效能工具和学生参与工具组成。其中，交流工具包含7个三级指标，分别是讨论区、文件交互、日志笔记、实时聊天、电子白板、视频服务和课程邮件；效能工具中包含5个三级指标，分别是日历任务、导航和帮助、同步异步、课内检索、书签；学生参与工具包括4个三级指标，分别是自评互评、分组、学生社区和学生档案。

2. 系统支持工具构建

慕课平台分析指标的系统支持工具由课程设计工具、课程管理工具和课程发布工具组成。其中，课程设计工具中包含6个三级指标，分别是教学标准兼容、教学设计工具、课程模板、课组管理、定制外观和内容共享复用；课程管理工具包含4个三级指标，分别是课程权限设置、注册系统、身份验证和托管服务；课程发布工具包含5个三级指标，分别是在线打分工具、教师帮助、自动测试评分、课程管理和学生跟踪。

3. 系统关键技术选择

慕课平台评价指标的系统技术由硬件和软件、安全和性能、兼容和整合、定价和许可组成。硬件和软件包含5个三级指标，分别是服务器、数据库要求、浏览器要求、服务软件和移动服务支持；安全和性能包含3个三级指标，分别是用户登录安全、访问速度、错误预防与报告；兼容和整合包含4个三级指标，分别是国际化和本土化、应用编程接口、第三方软件整合、数字校园兼容；定价与许可包含5个三级指标，分别是公司、版本、成本、开源代码和附加产品。

四、慕课翻转课堂教学模式构建

（一）基于慕课的翻转课堂教学模式的构建理念

借鉴国外学者的翻转课堂教学模式经验和国内学者设计的翻转课堂教学模式优势，构建了基于慕课的翻转课堂教学模式理念。国外学者在“线性代数”课程的教学过程中，总结了线性代数课程实施翻转课堂的教学结构模型。国外学者的翻转课堂教学模式包括两部分，分别是课前和课中。课前主要用于学生自主观看教学视频，完成对基础知识的学习，然后进行有针对性的作业练习；课中主要用于学生对学习成果的检测，然后再与教师或者同伴进行小组协作探讨，最后做出总结和反馈。

国内学者在国外学者构建的翻转课堂教学模型基础上，设计了相对完善的翻转课堂教学模型。该教学模型也分为课前和课中两个环节。在课前学生观看教学视频，从而完成一些新知识的学习，并检测自己的学习成果。观看教学视频和完成练习的同时，学生如果遇到难题，可以通过交流平台向教师寻求帮助，还可以通过交流平台向教师反映自己的学习状况。在课中活动开始前，教师根据学生反馈的问题来确定课堂中需要解决的问题。在课中创建学习环境，让学生通过独立思考和分组协作完成知识的内化，最后进行成果展示和交流评价。该模式强调信息技术和活动学习是影响翻转课堂顺利实施的重要因素。

两位学者设计出的两种翻转课堂教学模式各有优势。国外学者课前环节设置了针对性的作业练习，国内学者课前环节利用了交流平台并在课中环节设置了 6 种教学活动。但是，两位学者在构建翻转课堂教学模式时都只考虑了课前和课中环节，缺乏前期的分析和课后环节的设计，基于此，设计了基于慕课平台的翻转课堂教学模式。该教学模式包括前期分析、课前、课中和课后 4 个环节。前期分析环节块中设置了学生分析、教学目标设计、教学内容设计和教学环境设计，通过设计与分析开发出学习资料（慕课视频、文档材料、PPT 等），为学生更好地进行课前学习打下基础；课前环节中设置了基于慕课平台的视频观看和课前练习，在该模块中学生可以通过慕课平台进行教学视频的观看和课前练习以及遇到问题时与同学、教师进行交流，充分满足了学生的个性化需求，也使优质教学资源得到了最大化的传播，提升了学生的自主学习能力；课中环节中设置了创设情景和确定问题、分析问题和自主探究、小组协作和师生共探、解决问题和成果交流以及师生小结和反馈评价，在课中模块中学生可以更好地完成知识的内化，充分锻炼其表达能力、协作学习能力和实践动手能力；课后环节设置了知识巩固、评价反思和拓展提高，在该环节中学生可以对知识进行更好的巩固。

（二）基于慕课的翻转课堂教学模式的教学目标设计

教学模式都是为了完成一定的教学目标而构建的。在教学模式的构建过程中，教学目标处于核心位置，并对构成教学模式的其他因素起到制约性作用，它决定着教学模式中师生参与的教学活动的组合关系以及推行的程序，也是教学评价的尺度和标准。基于慕课的翻转课堂教学模式以学生全面发展为总体教学目标，其课前、课中和课后环节也有各自的教学目标。

1. 课前教学目标

基于慕课的翻转课堂教学模式的课前教学目标是让学生在慕课平台上完成课堂要讲授知识点的预习和思考，通过该环节培养学生的自主学习能力。

2. 课中教学目标

基于慕课的翻转课堂教学模式的课中教学目标是让学生更好地完成知识内化，通过课中环节设置的创设情境和确定问题、分析问题和自主探究、小组协作和师生共探、解决问题和成果交流，以及师生小结和反馈评价等教学活动来培养学生的协作学习能力、表达能力和实践动手能力。

3. 课后教学目标

基于慕课的翻转课堂教学模式的课后教学目标是将课前和课中环节的知识点进行全面巩固，课后环节设置了知识巩固、评价反思和拓展提高的教学活动，学生可以通过慕课平台讨论区与同学或者教师进行多角度交流。

（三）基于慕课的翻转课堂教学模式的实施条件

每种教学模式的实施都要受制于各种条件因素，影响基于慕课平台的翻转课堂教学模

式实施的主要条件包括教师的学习观、教师的教育观、教师和学生的信息素养、教师教学设计的能力、学生自主学习的能力、软件以及硬件的配备等。

在学生方面，首先实施基于慕课平台的翻转课堂教学模式之前，应该了解学生先前已有的学习情况，调查他们是否能够接受这种新型的教学模式，并且是否愿意在新型的教学模式下展开一系列学习。其次，要了解学生的信息素养现状，看其是否掌握基础的计算机操作能力。再次，要了解学生是否具备实施基于慕课平台翻转课堂教学模式的硬件支持，因为基于慕课平台的翻转课堂教学模式的课前学习环节需要学生在慕课平台上进行，所以必须具备电脑或者手机等硬件。最后，要了解学生是否具备操作一些通信软件和操作系统的能力，以便在课前和课后环节与教师和同学进行交流。

在教师方面，应具备良好的信息素养，并且要具备勇于探究新事物的能力，愿意成为学生的助教员，还应具备在新型教学模式的指导下展开良好教学设计的能力。

（四）基于慕课的翻转课堂教学模式的操作步骤

基于慕课的翻转课堂教学模式的操作步骤为 3 步，第一步是课前准备，第二步是课堂教学，第三步是课后指导。

1. 课前准备

在基于慕课的翻转课堂教学的前期准备中，教师要对翻转课堂教学的课程进行精心设计，对学习内容、学习者以及教学环境等进行分析，从知识与技能、过程与方法、情感态度与价值观 3 个方面对课堂教学目标进行确定。然后，仔细认真地查看学生课前反馈的问题，精心进行课堂内容教学设计，利用慕课平台使课堂变成一个轻松自由的学习场所。

学生在课前进行自主学习，这是基于慕课平台的翻转课堂能够顺利进行的必要前提。对于刚接触这种新型教学模式的学生来说多少有些困难，因此学生必须根据慕课平台上提供的各类教学资源，积极主动、认认真真地进行课前学习，做完测试题并反馈所遇到的问题。

2. 课堂教学

在基于慕课的翻转课堂教学模式的课堂教学环节中，主要教学流程是教师根据课前学生在慕课平台上学习之后的反馈创设情境，确定问题，设计出一些有探究意义的问题。学生根据个人的兴趣爱好选择相应的题目。教师把选择同一个问题的学生组合在一起，形成一个小组。通常来讲，小组的人数安排在 6 人左右。随后，小组内部人员进行分工，各个小组的成员先要对这个问题进行独立学习，再进行小组协作学习。在学生完成独立探究、小组合作学习之后，问题大体上得到了解决。接下来，学生需要在课堂上与其他同学进行成果交流，分享自己制作作品的过程，同时把自己创作的作品上传到学习平台，让教师和同学在课堂上进行互相讨论与评价。

3. 课后指导

在基于慕课的翻转课堂教学模式的课后指导环节中，学生可以在慕课平台上与同伴进行互助指导，也可以得到慕课平台上答疑人员的帮助指导，还可以通过班级群向授课教师及答疑组进行求助。学生在这种新型的教学模式中可以获得实时、多样化的指导帮助，大大增强学生完成课外作业的动力。

（五）基于慕课的翻转课堂教学模式的教学考核及评价标准制定

1. 考核及评价的作用

教学考核及评价是依据教学目标的完成程度对教学效果所做出的判断价值的过程。通过教学评价反馈获得的大量信息，教师可以对教学活动进行调控、激励学生的学习，并且帮助教师改进自身的教学计划。基于慕课的翻转课堂作为一种新型的教学模式，其教学评价也应该具备独特的作用。

（1）保证学生对知识的掌握和全面发展。慕课翻转课堂教学模式的考核及评价建立在帮助学生实现全面发展基础之上。新型教学模式的考核及评价，可以更好地判断学生对知识的掌握程度，帮助学生了解自己的实际知识掌握水平。

（2）保证成绩评定的公平性。基于慕课的翻转课堂教学模式的考核及评价应包含多个测量维度，以做到保证学生成绩评定的公平性。

2. 主要评价方式

基于慕课平台的翻转课堂教学模式的主要评价方式，如下表所示。

方法	基本要求
书面作业	按时按要求完成
小组讨论	积极参与，以小组成绩作为成员成绩
上机实验	基本实现实验要求
开放性实验	学生答案不能唯一
考试	期末一次，闭卷

3. 考核项目构成

基于慕课平台的翻转课堂教学模式的考核项目主要包括：出勤、反馈情况、课堂表现和小组表现、练习、小测试、实践环节、开放性考试。

4. 评分标准

基于慕课平台翻转课堂教学模式的评分标准，主要由学习过程评价方法及分数、实践环节和开放性考试构成，每个部分分别设置一些具体的评分细则。

5. 考核要求

要求学生每两周提交一次作业，每次作业按 10 分制记录成绩，期末加权折合为 10% 的书面作业成绩。计算方式为：书面成绩等于每次作业的加权成绩之和乘以提交作业次数除以作业的总次数。

(1) 参与度。参与度主要考查学生前期准备情况，课堂回答提出的问题的预习情况，课堂发言的积极性。

（2）小组讨论。小组讨论主要考查学生在互动训练期的小组讨论情况以及小组的主题发言、课堂讨论发言、小组作业完成情况。

（3）开放性考核。开放性考核主要考查学生对该门课程的深入理解情况，通过完成开放性训练题目，获得相应成绩。

（4）期末考试。试题库考试。

6. 教学考核细则

首先，平时成绩占45%，即45分，由授课教师具体负责平时成绩考核。具体做法如下：将学生分组，按照课前、课堂和课后环节制定考核细则；每堂次实行百分制，课前20分、课堂60分、课后20分，最后按照比例折合。课前20分考核点：预学和思考问题情况占10分；易混点、易错点、易漏点和易忽略点情况占10分；课堂60分考核点：参与问题讨论情况占20分，课堂陈述情况占10分，课堂表现情况占30分；课后20分考核点：组内成员互评占5分；作业完成质量占10分；参与课外互动情况占5分。其次，实践环节占30%，共3次，每次实践占10分，总分30分。最后，开放性考试占25%，占25分。

7. 考核结论

通过以上各项标准的核算，学生最终总成绩达到60分及以上的为及格。

五、基于慕课的《计算机网络》课程翻转课堂的教学设计

《计算机网络》是计算机基础的一门课程，对于计算机专业的学生来说，是一门必修课。

（一）《计算机网络》课程分析

1.《计算机网络》课程定位

计算机网络是计算机发展和通信技术紧密结合并不断发展的一门学科，《计算机网络》课程是计算机科学与技术专业、物联网工程、软件工程专业的核心课程之一，也是电子信息工程、自动化、通信工程、信息与计算科学等专业的专业限选课或任选课之一。该课程是计算机科学技术领域和专业人才培养的基础，在本学科发展和课程体系建设中处于较重要的地位。它是后续课程《服务器管理与维护》《路由及交换技术》《基于企业的网络设计技术及应用》《网络设计及施工技术》等理论课程，《计算机网络课程设计》等实践教学环节的先行课。

近些年来，计算机网络技术已经成为助力社会进步的关键技术。因此，《计算机网络》课程逐渐成为许多高校开设的必修课程。

2. 翻转课堂教学模式下《计算机网络》课程的特点

翻转课堂教学模式下的《计算机网络》课程的主要特点包括翻转课堂使学生真正做到个性化地学习《计算机网络》课程知识；翻转课堂体现了学习中的互动，可以建立良好的师生关系；翻转课堂改变了《计算机网络》课程的课堂教学氛围。但也存在不足，如学生

课前自主学习《计算机网络》课程专业基础知识，具有学习资料选择的盲目性和学习进度缺乏规划的特点；课中环节由于没在课前较好地完成自主学习，所以课上进行问题讨论和小组协作时无法高效完成知识的内化。慕课平台上设有课程提醒和学习建议功能，恰好可以弥补翻转课堂的不足，因此将慕课平台和翻转课堂相结合的教学模式适合应用到高校《计算机网络》课程的教学中可以起到相互补充的效果。

（二）学习者的分析

调查显示，通过对某学院2017级计算机科学与技术专业4个班102名学生的基本学习情况进行调查，显示所有学生都学过计算机编程类课程，并且都具备一定的计算机操作基础。听说过，但不太了解慕课和翻转课堂的学生占34%，不了解慕课和翻转课堂的学生占66%。

基于慕课的翻转课堂这种教学模式，课外的交流和协作学习要用到班级交流群，所以在这里也对学生开通班级群的情况进行了调查。调查结果显示，有94%的学生开通了班级群账号，并且全部学生都已经开通且正在使用班级群，这对于未来研究的顺利进行奠定了坚实基础。

在学生基本情况调查中了解了利用电脑和移动设备进行课外学习的情况。在教师授课过程中最喜欢以什么方式呈现教学内容？以前是否经常利用视频学习操作软件？在博客中最喜欢的学习方式是什么？利用视频进行学习希望时间是多长？希望在本学期的课程中接触到慕课吗？我们对这几个问题进行了调查分析。

学生利用电脑端或移动设备进行课外学习的情况并不乐观，仅有32%的学生经常利用移动设备进行课外学习。因此，要实施基于慕课的《计算机网络》课程翻转课堂教学模式，就要求学生逐渐接受课外学习方式，要在课外为学生讲解如何利用慕课平台进行学习。有88%的学生表示喜欢时长为15~25分钟的教学视频。在利用班级群进行学习中，关注教师的班级群账号、基于教师发布的问题或主题自由评论交流人数比例达到26%；进行协作学习，并将成果展示于班级群的人数比例达到27%；组建班级群，在其中分享相关知识、参与感兴趣话题并讨论的人数达到30%；有29%的学生开通了微博，并在微博中关注了相关专业的权威专家，学习他们发布的专业知识内容。学生基本都在利用一些社交网络进行各式各样的自主学习，所以将班级群作为课外教学和交流的工具是可行的。

通过上述各种方式调查得出结论：第一，趣味性强的课程深受学生喜欢；第二，难理解、易混淆的知识点在课堂重点讲授，同时加强课外指导；第三，增加课程的互动和实践环节。由此来看，《计算机网络》课程教学采用基于慕课平台的翻转课堂教学模式可以满足学生的需求。

（三）基于慕课的《计算机网络》翻转课堂的教学环境设计

教学活动中，教学环境是必不可少的条件。我们从软、硬两方面对基于慕课的《计算机网络》课程翻转课堂教学模式中的教学环境进行了设计。

硬件方面的教学环境主要有配有多媒体的计算机教室，安装扩音设备和大屏投影仪；每位学生配置一台完成实践操作的计算机；便于教师与学生之间以及学生与学生之间进行交流的网络环境。这些硬件设备都能为基于慕课《计算机网络》课程翻转课堂教学模式的实施提供基础保障。

软件方面的教学环境有社交软件、办公软件、电子教材和教案、网络课程、习题库等学习资源以及慕课学习平台的互联网协议地址。这些软件能为教学的开展提供便利。

（四）基于慕课的《计算机网络》翻转课堂的教学目标设计

基于慕课的《计算机网络》翻转课堂的教学总体目标是使学生在了解计算机网络的基本概念、相关的通信技术原理、网络协议等理论知识的基础上，能够熟练掌握计算机网络相关操作技能，如局域网的设计与组建、交换机和路由器的基本操作、网络软件的使用及网站的开发等，以学生实践动手能力的培养为主，为学生就业打下坚实基础，并且在新模式下，通过对《计算机网络》课程的学习，提升学生的自主学习能力、协作学习能力、语言表达能力和创新能力。

以下是基于慕课的《计算机网络》课程翻转课堂第一章计算机网络概述的教学目标设计，其中包括课前教学目标、课中教学目标和课后教学目标 3 个部分。具体还可以根据《计算机网络》的教案来详细了解。

1. 课前教学目标设计

课前通过慕课平台的教学，使学生了解因特网的发展、因特网的标准化工作、因特网的组成、计算机网络的类别、计算机网络性能和网络体系结构，在这一过程中锻炼学生的自主学习能力。

2. 课中教学目标设计

通过课中环节，使学生能运用所学知识联系实际问题，针对因特网的组成、计算机网络的性能和网络体系结构，解释电路交换、分组交换和报文交换的区别，并能计算计算机网络性能的时延和网络利用率等指标。解释协议栈、实体、对等层、客户、服务器等名词，解释网络体系结构为什么要采用分层次的结构，为什么设置协议，客户/服务器方式和对等方式的主要区别。这一过程主要培养学生的表达能力、协作学习能力、创新能力和实践动手能力。

3. 课后教学目标设计

学生通过慕课平台讨论区或群组与教师或同学进行交流，巩固因特网的发展、因特网的标准化工作、因特网的组成、计算机网络的类别、计算机网络性能和网络体系结构的相关知识内容，懂得在计算机网络实际应用中，如何提高网络的利用率、如何衡量计算机网络的性能、如何更好地理解计算机网络的复杂体系结构、为什么使用分层和协议等，可以提高其应用计算机网络知识分析和解决实际网络问题的能力，也有助于培养学生分析网络实际问题的自主性和独立性。

（五）基于慕课的《计算机网络》翻转课堂的教学内容设计

基于慕课的《计算机网络》课程的总体教学内容包括计算机网络的发展和原理体系结构、物理层、数据链路层（包括局域网）、网络层、运输层、应用层、网络安全、因特网上的音频/视频服务、无线网络和移动网络以及下一代因特网等内容。基于慕课的《计算机网络》翻转课堂的教学内容设计，包括课前教学内容、课中教学内容和课后教学内容3个部分。具体的还可以根据《计算机网络》的教案来详细了解。

1. 课前教学内容设计

课前教学内容设计这一阶段教学是在慕课平台上进行的，教学内容设置了5个知识点：（1）因特网概述，重点和难点内容是互联网的基本概念；（2）因特网的核心部分，重点和难点内容是C/S方式和P2P方式；（3）因特网的核心部分，重点和难点内容是电路交换和分组交换；（4）计算机网络的类别，重点和难点内容是WAN、MAN、LAN、PAN；（5）计算机网络的性能，重点和难点内容是速率、带宽、吞吐量、发送时延、传播时延、往返时间和利用率等。

2. 课中教学内容设计

课中教学主要以讨论和答疑为主，所以教学内容设置方面要设置了什么是网络、什么是互联网、因特网如何发展、有哪些因特网标准化组织、因特网标准化要经历哪些阶段、因特网由几部分组成、各部分是如何工作的、如何实现分组交换、电路交换的特点是什么、为什么要使用分组交换、如何提高网络的利用率、如何衡量计算机网络的性能等问题开展小组讨论和总结。

3. 课后教学内容设计

课后教学内容的设置是对课前和课中的学习进行巩固和总结，并且将总结的内容通过班级学习群组分享给同学和教师。

六、基于慕课的《计算机网络》课程翻转课堂的教学模式应用

（一）实验班的选择

在基于慕课的《计算机网络》翻转课堂实施1周后，为了解学生对本门课程的学习兴趣，对遇到问题时想主动探索的情况、利用慕课平台辅助教学的兴趣、用慕课进行学习的效果等进行了问卷调查。他们大部分更乐意在慕课平台上听取课程知识，并且在慕课平台上更容易投入学习。

（二）实验班基于慕课的《计算机网络》课程翻转课堂的应用

1. 课前应用

（1）课前观看教学视频。基于慕课《计算机网络》课程翻转课堂教学模式，学生在课前通过教师在慕课平台上提供的教学视频进行自主学习。平台上的教学视频可以是教师亲自录制的，也可以是平台上开放的优质教学资源。教师可以把与教学内容相吻合的视频

资源作为课程的教学内容，使优质教学资源的利用率得到提高；也可以根据具体的教学目标、学生的特点，结合自己的教学经验，自行录制教学视频。教师在制作教学视频时要考虑视觉效果、突出重难点等问题，同时要特别注意视频的时长，视频时长20分钟左右为最佳。视频中要加入解说内容，并且设置暂停、快进和回放功能，而学生可以根据自己的需求进行点播，在观看视频遇到困难时可以随时点击向教师询问。

（2）课前练习。学生不仅要对慕课平台上面的视频进行学习，而且要做完课前练习题，这一部分是由教师设计提前放置在慕课平台上的。对于课前练习的难易程度及数量，教师要合理设计。学生在课前除了自主学习，还可以通过慕课平台的讨论区、聊天室等与同学、教师交流，把自己在课前自主学习中遇到的困难或者疑惑分享给大家。

（3）总结反馈。学生观看教学视频和做完课前练习之后，要完成教师课前布置的反馈任务，总结出课前学习阶段遇到的问题，在课中环节开始之前反馈给授课教师，以便教师根据学生的反馈设计课上教学活动。

2. 课堂应用

教师要根据学生在慕课平台上进行自主学习提交的反馈信息，精心设计课堂学习活动，使每一位学生都能获得不一样的收获。

（1）创设情境，确定问题。在这一环节，教师以学生课前在中国高校慕课平台上观看的《计算机网络》课程教学视频和课前练习时反馈的问题为依据，做好教学活动设计。

（2）分析问题，自主探究。每个人都是社会中独立的个体，不同的人具有不同的基本能力，在设计基于慕课《计算机网络》翻转课堂活动时，教师要注重培养学生自主学习的能力。教师要让学生先自己独立摸索，使他们在自主学习中提升自主学习能力。以《计算机网络》课程的第一章概述为例，学生要分析和自主探究的问题就是什么是计算机网络以及计算机网络是如何工作的。

（3）小组协作，师生共探。协作学习的方式对培养学生的批判性思维与创新性思维起着重要作用，同时对学生交流能力的增强具有一定的影响。所以，基于慕课的《计算机网络》翻转课堂的教学活动设计，教师要引导小组协作、交互学习，做到人人参与，积极发言，不断同伙伴探讨，最终得出合理的方案。当然，教师还要随时注意观察每一位学生的表现与反应，适时给予有困难学生指导，使课堂活动顺利进行。

（4）解决问题，成果交流。学生需要在课堂上与其他同学进行成果交流，分享自己制作作品的过程。课后，学生把自己创作的作品上传到学习平台上，让教师和同学在课中和课后互相讨论与评价。在此过程中，教师和助教人员要记录下学生在课堂上的学习行为，如小组讨论、提问、协作学习等，以便对其进行考核和评价。

（5）师生小结，反馈评价。基于慕课的《计算机网络》翻转课堂课中环节的最后一项是师生小结，反馈评价。首先，由小组内的成员选出代表进行学习总结。其次，教师对学生的总结进行反馈评价，同学之间进行反馈评价。最后，教师要给出对学生进行定性和定量的分析结果，对于出现的各种问题，教师要在下一轮的活动设计中进行修正。

3. 课后应用

学生要在课后继续巩固知识，做拓展练习，扩大知识面。慕课平台上的讨论区设置了教师答疑区，学生可以通过该功能与教师进行答疑互动。个别有困难的学生和有事未能按时上课的学生，可利用教师课前和课后提供的学习资源进行补救学习。

（三）基于慕课的《计算机网络》课程翻转课堂的教学效果分析

1. 学生自主学习能力分析

基于慕课的《计算机网络》课程翻转课堂教学模式，学生自主学习能力是根据学生前馈完成情况来分析的。学生前馈是学生完成课前环节之后，进入课中环节之前提交给教师的学习情况反馈。学生前馈有利于教师了解学生在课前环节掌握知识的程度，对展开课中环节的知识内化起到决定性作用。

在每节《计算机网络》课程开始之前，教师要利用班级群给学生发送前馈问题，并且要求学生在课堂教学环节开始之前提交前馈。前馈中包括教师为学生自主学习阶段设置的问题。通过《计算机网络》课程的学生前馈情况分析得出，学生基本上都能够在规定的时间内完成前馈，并且完成的效度也很高。学生积极配合完成前馈之后，有利于后续教学步骤的进行。

2. 学生协作学习能力分析

基于慕课的《计算机网络》课程翻转课堂教学模式，学生协作学习能力分析主要包括课前协作学习能力分析、课中协作学习能力分析和课后协作学习能力分析。课前环节和课后环节，学生在慕课平台上进行自主学习、巩固和拓展，遇到困难时可以向教师寻求帮助，同样可以与同学进行交流，共同解决问题。课中环节，学生主要做的是积极主动地探讨问题、进行小组研究等。通过《计算机网络》课程的课上行为记录分析可知，学生在新的教学模式下，课堂氛围变得更加活跃，并且学生更愿意融入探讨问题的活动中，自主思考和小组协作的能力都得到了提升。

3. 学生表达能力分析

基于慕课的《计算机网络》课程翻转课堂教学模式，学生表达能力的分析主要包括课前表达能力分析、课中表达能力分析和课后表达能力分析。在课前和课后环节中，学生都是以文字的形式与教师和同学在慕课平台上或者班级学习群组中进行交流的，所以学生上交的前馈和提问都可以作为学生表达能力分析的内容。由于学生完成前馈的情况非常乐观，并且能够积极地进行提问，可以判断学生在课前和课后环节中表达能力是有所提升的。课中环节，学生的表达能力主要体现在言语方面。学生要在课堂上与教师和同学进行语言交流、问题探讨、提问等学习活动。根据学生在课中环节中的表现，可认为其课中表达能力有所提升。

4. 学生实践动手能力分析

基于慕课的《计算机网络》课程翻转课堂教学模式，学生的实践动手能力分析主要包括课中环节的实践动手能力分析和课后环节的实践动手能力分析。这两个环节设有实验任务，而实验是检验学生实践动手能力的关键。根据学生对局域网的设计与组建、VLAN 的划分与配置、交换机和路由器的基本操作、网络软件的使用及网站的开发等实践表现，可判定其实践能力都有显著的提升。

（四）基于慕课的《计算机网络》课程翻转课堂的应用总结

通过基于慕课的《计算机网络》翻转课堂教学模式在实验班中的应用和教学效果分析得出结论，课前和课后教学环节学生可以通过慕课平台进行自主学习，避免学生选取学习资料的盲目性，并且可以有效地提高学生自主学习能力和学习《计算机网络》课程的兴趣，为学生和教师提供更多的交流和实践动手机会，可以有效提升学生的协作能力、表达能力和实践动手能力。

为使优质教育资源得到最大化的传播，培养出更适用社会需求的高素质人才，将基于慕课的翻转课堂教学模式在高等教育中加以运用具有一定的实用价值。虽然对基于慕课的翻转课堂教学模式开展了一定的教学实践应用，但由于时间和精力有限，未能将实践的深度和广度进行提升，只关注了《计算机网络》这门课程，因此在今后的研究中还要将该教学模式在更多的学科领域、研究对象中加以应用。

第三章　基于小规模限制性在线课程模式的计算机基础课程研究

第一节　小规模限制性在线课程教学模式分析

小规模限制性在线课程教学模式是一种为应对慕课模式的问题而产生的，以促进慕课在实体校园的应用为导向的教学范式，是将慕课应用于高校校园的一套较为稳定的教学活动结构框架和活动程序。

一、小规模限制性在线课程教学模式的特点与优势分析

融合了慕课模式与传统教学模式的小规模限制性在线课程倡导的理念，是私有、定制、高质量的教学模式，它具有慕课与校园课程教学模式所不具备的诸多特征要素，并且能够充分发挥慕课与传统教学模式的双重优势。

（一）小规模限制性在线课程教学模式的特点

1. 小众化

相对于慕课，小规模限制性在线课程面向的是小规模学生群体，人数一般为几十到几百人。而人数的小众化能够保证教学过程中教师完全介入到学生的学习过程中，如详细的作业批改、深入的交流互动、面对面的一对一辅导等。

2. 限制性

小规模限制性在线课程的限制性特征不仅体现在对人数的限制，还体现在收费、学生基础水平等方面的限制。大部分小规模限制性在线课程面向的用户是在校学生，他们在线注册时需要付出一定的学费，同时专业性较强的小规模限制性在线课程课程通常对专业设有限制条件。虽然从教育的社会荣誉感角度来看，小规模限制性在线课程无法实现慕课倡导的优质资源免费共享，但是在成本的可持续发展方面，小规模限制性在线课程却得到了很好的保证。

3. 集约化

集约化是指以节俭、约束、高效为价值取向，集中人力、物力、财力等要素进行统一配置。小规模限制性在线课程的集约化特征体现在它倡导以较低的课程开发维护成本，集中教师、学生、优质教学资源等要素，实现高质量的教学目的。小规模限制性在线课程不

需要像慕课那样拥有包括视频制作人、摄制团队、技术支持、运营团队、项目经理、授课教师、助教、志愿者等高规格的团队制式，只需要使用现有的慕课课程或者已有的精品课程进行二次加工即可，因此小规模限制性在线课程的低成本特征使其具有可持续性发展的潜质。

（二）小规模限制性在线课程教学模式的优势分析

1. 小规模限制性在线课程教学模式相对于慕课教学模式的优势

第一，小规模限制性在线课程模式具有更好的普适性。一些实践性、操作性较强的课程（如编程、中医等学科的相关课程）并不适合使用慕课模式讲授。因此，相比之下，小规模限制性在线课程更具普适性。

第二，小规模限制性在线课程能够帮助高校提升本校的教学质量，体现了高成就的价值观。小规模限制性在线课程跳出了复制课堂的阶段，创造了一些灵活有效的方式，通过将慕课在线学习与课堂教学相融合，帮助高校实现了提高教学质量的目标，因此，小规模限制性在线课程是在线教育在高校校园中的真正价值所在。

第三，相较于慕课，小规模限制性在线课程模式的成本较低，提供了慕课的一种可持续发展模式。小规模限制性在线课程教学不仅提高了教育质量，而且降低了教育成本。因为小规模限制性在线课程可以帮助学生用更短的时间毕业，使受教育成本降低。相比于慕课，小规模限制性在线课程更有可能赢得一些收益。

第四，小规模限制性在线课程重新定义了教师的作用，提供个性化教学。慕课模式更适合通识类课程，教师的主要作用是提供资源，让学习者受益。小规模限制性在线课程允许教师回归校园，回归到自己的课堂中。上课前，教师是课程资源的整合者，根据学生的需求以及教学计划整合慕课资源是他们的任务。课堂上，教师是指导者和促进者，引导学生解决问题、参与实践，提供个别化指导。

第五，小规模限制性在线课程模式倡导高参与度，有利于提高课程的完成率。慕课的缺点是高注册率、低完成率。而小规模限制性在线课程模式通过限定课程的准入条件和学生规模，能够为学生定制适合他们的课程，并提供力度更大的教学支持，从而促进学生更高度地参与、更深度地学习，而完整的学习体验可以避免慕课的高注册率和低完成率。因此，相较于慕课，小规模限制性在线课程模式促使在线学习超出了复制教室课程的阶段，使课堂学习成为高价值活动的学习场所。

2. 小规模限制性在线课程模式相对于以讲授法为主的传统教学模式的优势

传统教学模式是指教学主要发生在教室中，其中教学以“教师讲—学生听”为基本模式，评价方式以总结性评价为主。

第一，相对于传统教学模式，小规模限制性在线课程的优势是充分发挥慕课的优势，引入优质资源、快速测评反馈技术等优化教学。小规模限制性在线课程模式使慕课作为优质教学资源走进课堂，使在实体校园中的学生可以使用一流高校教师的授课资源完成一门以往很普通的课程。学生会因为接触到最先进的技术、最优质的教师而兴奋，这对于传统课堂来讲是难以实现的。同时，慕课作为一种数字教材，允许学生多次重复观看，快速及时的测验反馈激发了学生的学习兴趣，从而使知识点的学习更为牢固。网络平台完全可以做到精确详细的答案解析，而教师可以将自己的时间用在更具价值的教学活动中去，如小组讨论或师生面对面的互动等。

第二，相对于传统教学模式，小规模限制性在线课程的优势是发挥了混合学习的优势。小规模限制性在线课程模式本质上是一种混合学习模式，其最大的优势在于通过慕课资源的引入，大大降低了开展混合学习的难度，却能够享受混合学习带来的诸多好处，如便捷的平台使用及课程定制解放了教师在课堂中一遍遍重复讲授的工作，从而将节约的时间用来了解学生的学习状态，进行个别指导；显著地增大课程容量，知识面涵盖范围更广泛，满足学生需求；通过提前释放学习内容以及学生互助来缩小学生之间的差距等。

第三，相较于传统教学模式，小规模限制性在线课程模式使教学评价更为客观合理。小规模限制性在线课程使用到了慕课的很多有效的工具和方法，如测评反馈技术、学习分析技术，这些工具与方法的使用能够让教师更了解学生，同时将终结性评价转化为过程性评价，教师可以从学生的作业、作品、测验、参与度等方面考查学生的学习表现，并进行成绩评定。

二、小规模限制性在线课程教学的可行性分析

（一）学校对采用小规模限制性在线课程教学模式的政策支持

第一，对于学校而言，小规模限制性在线课程能够推动大学对外的品牌效应。通过开设小规模限制性在线课程课程，更多的社会人士以及学生知晓这所大学，这对大学无疑是一种有效的宣传。

第二，小规模限制性在线课程教学模式能够有效地促进大学校内的教学改革，提升校内教学质量，使教师的重心更多地投放在教学之中。

第三，学校能够得到政府的支持，如鼓励高校结合本校人才培养目标和需求，通过在线学习、在线学习与课堂教学相结合等多种方式应用在线开放课程，不断创新校内、校际课程共享与应用模式。

第四，小规模限制性在线课程教学模式是高校应对互联网教育时代的一种较低成本的教学模式。小规模限制性在线课程能够有效解决高校师资问题，尤其是对于普通高校而言，聘请优秀教师来校讲座的成本要远远高于小规模限制性在线课程通过互联网从全国乃至全世界挑选名师。

第五，慕课对高校提出的巨大挑战将促使高等教育教学模式的变革。慕课前所未有的开放性、透明性、优质教育资源的易获得性使那些普通高校受到了极大的威胁。高校不得不重视“在线”与“技术”这两大挑战，而小规模限制性在线课程是它们应对这些挑战

的一种有效方法。因此，对于高校而言，无论出于社会压力还是自身需求，都将支持小规模限制性在线课程课程的创建。

（二）教师采用小规模限制性在线课程教学模式的内外驱动力

无论是从教师个人内部的角度来讲——好奇、挑战等精神层面需求，还是从外部的物质层面需求来说——专业发展、职业竞争等追求，小规模限制性在线课程教学模式都将是高校教师的不错选择。

第一，探索创新的精神以及自我实现的心理需求是高校教师开展小规模限制性在线课程教学的内部驱动力。对于高校教师这个群体而言，他们不但肩负着传授知识、教书育人的使命，而且具有探索性与创新性。对先进事物敏锐的洞察力，对未来的较高预见性，对新兴领域的好奇心与求知欲是其他职业人员所不能比拟的。因此，高校教师更喜欢接触新鲜事物，对新鲜事物保持极大的兴趣，这一特点使小规模限制性在线课程这一新兴的教学样式对高校教师具有很大的吸引力。同时，自我实现的心理需求与对良好声誉的追求促使高校教师不断提高自身的教学能力，以求获得学生的高度肯定。通过小规模限制性在线课程课程，教师能够让更多的学生了解自己，让教学质量不断提高，这对于成为学生眼中的“好教师”是非常重要的因素。

第二，学校政策的支持是教师开设小规模限制性在线课程课程的保障。通过开设小规模限制性在线课程课程，教师能够获得学校的课程项目建设权，随之而来的项目资金、科研加分以及职称评定等都将受到有利影响。

因此，无论是从教师的精神需求层面来讲，还是从物质追求层面来说，小规模限制性在线课程都将成为很多一线高校教师的选择。

（三）学生对采用小规模限制性在线课程教学模式的实际需求

无论是从学生的学习心理还是学习需求上来看，相对于慕课学习，学生将会更加重视小规模限制性在线课程学习。

第一，慕课学生与小规模限制性在线课程学生在动机上存在巨大差异。有着大规模无限制条件的慕课学生之间必然存在千差万别的学习动机，有的是为兴趣，有的是为了解慕课这一形式等。小规模限制性在线课程的教学对象却没有非常显著的动机差异。由于小规模限制性在线课程面对的是小规模人群（很大程度上是在校学生），他们更多的是将小规模限制性在线课程作为获取学分的一种途径，作为学习知识技能的一种方法，作为拓展兴趣爱好的一个渠道。

第二，慕课的免费开放与小规模限制性在线课程的私人收费引起学习者的学习态度的巨大差异。按照消费心理学的理论，人们有依靠传统的经验来判断事物价值大小、品质优劣的习惯。慕课的免费性导致学生从心底不会重视、珍惜这种课程，而小规模限制性在线课程针对的主要是在校学生，他们在校学习期间需要支付相应的学费。对于收费的、私人的课程，他们会从心底认可课程的价值与品质，因而会更加珍惜。

第三，小规模限制性在线课程的私密性特征能让通过申请的学生产生一种自豪感、责任感和占有稀缺资源的紧迫感，从而提高学生重视学习的程度和增强学习的动力。这也正体现了消费者的独特性追求。

第四，小规模限制性在线课程是满足学生学习需求的一个重要途径。对于校园课程学习来讲，接受小规模限制性在线课程的学生无非是课程本专业的学生和其他专业的学生。首先，通过小规模限制性在线课程，他们能够接触到一些专业领域内顶尖名师的课程。名校名师的效应将使学生感到兴奋。再者，接触到专业内领先的技术也会增加学生的学习动机与学习兴趣。最后，小规模限制性在线课程倡导的学生参与、师生互动、学习共同体也会使得学生与同学、教师的交流机会增多，对课程的参与增多，自信与积极性也会随之升高。对于其他专业的学生而言，他们有机会根据自己的兴趣与需求，学习相应的课程，这对他们来讲必然是一件令人开心的事情。

第二节　小规模限制性在线课程教学模式的构建

通过实践分析和理论探讨，小规模限制性在线课程教学模式是“互联网+教育”环境下高校教学改革的大势所趋，构建一种合理的、可行的、有效的小规模限制性在线课程教学模式势在必行。小规模限制性在线课程教学模式的构建无外乎演绎法与归纳法。演绎法是从科学理论假设出发，推演出一种教学模式，然后验证其有效性。归纳法是在自己的教学经验或者前人的总结基础上进一步加工改造得出的一种教学模式。然而，教学模式的研究一般采用多种方法的合理组合。小规模限制性在线课程教学模式的构建结合了演绎法与归纳法。演绎法在教学模式构建中主要体现在理论假设的提出上，依据混合学习理论、关联主义学习理论和深度学习理论提出模式构建的切入点；归纳法体现在分析、归纳已有慕课模式和小规模限制性在线课程教学模式的基础上，结合理论假设，完成对小规模限制性在线课程教学模式的构建。

一、小规模限制性在线课程教学模式构建的依据

（一）相关模式的对比与分析

通过分析高校教学模式转型的基本趋势和小规模限制性在线课程教学模式的功能目标，研究者初步确定了小规模限制性在线课程教学模式功能定位，而要实现这些功能，需要组合多种模式要素。按照教学模式构建方法，先分析了慕课模式的特点，通过与慕课对比，并在此基础上以深度学习理论和关联主义学习理论为理论切入点，初步确定了小规模限制性在线课程教学模式的几个基本要素。然后，选取了一个较为典型的已有小规模限制性在线课程教学模式，在分析它的优势与不足之后，归纳完善出本研究的教学模式要素。

慕课在发展过程中逐渐分化出两种模式，一为关联主义慕课，二为行为主义慕课。关

联主义慕课的主要流程是教师开设课程、提供资源、发起对话，学生注册课程，通过多种交互媒介参与互动活动。行为主义慕课的教学模式主要是教师依照传统教学流程，创设课程、录制视频、组织考试、评定成绩，而学生注册课程、学习视频、完成测验、获得凭证。关联主义慕课是以关联主义为基础，强调非正式学习环境下学生学习网络的形成，支持学生以多种形式参与到课程学习中，课程中不仅有基本的学习资源，还要求教师与学生通过共同的话题或某一领域的讨论实现创新，因此倡导协作交互。行为主义慕课体现了高校内部教学模式的延伸，以练习和测验为主。这种模式虽然能够强化学生对知识的学习，但是在学习深度上却体现得不够充分。

通过分析关联主义慕课和行为主义慕课教学模式，研究者认为二者各有优缺点。按照关联主义学习理论，关联主义慕课中的“参与话题讨论”是学生交互学习的重要因素，而行为主义慕课中的“视频、练习、测试”是知识学习的有效途径。以融合慕课和校园课程实现深度学习为目的的小规模限制性在线课程包含这两个基本要素。

（二）小规模限制性在线课程教学模式的功能指标分析

当下高校教学模式转型趋势为小规模限制性在线课程教学模式确定了宏观方向，而其具体目标仍需根据小规模限制性在线课程本身的特点来定位。小规模限制性在线课程的目标是融合慕课与高校传统教学模式，通过将慕课教学模式与高校传统教学模式进行比较，了解小规模限制性在线课程在融合这两个模式的过程中应有的功能定位。

1. 高校传统教学模式与慕课教学模式的比较

高校传统教学模式中，课堂是主要的教学活动场所，一般课程持续 2~3 节，主要是“教师+PPT”的讲授形式，对于学生持续性注意力的要求较高。其缺陷有以下几点：一是教育资源不均衡；二是学生的参与率低；三是教师很难做到广泛地了解学情；四是由于授课时间和空间的限制，教师很难做到针对性解惑。

慕课教学模式的核心是开放与共享，其教学模式主要是课程的组织者通过平台公布学习内容，而学生借助多种社交工具参与到学习中。当学生通过一系列测验与考试后，他们将会获得相应的证书。

2. 小规模限制性在线课程教学模式的功能目标

小规模限制性在线课程教学模式是在一定限制条件下将慕课与传统校园课程进行的融合。通过对比慕课与传统教学模式的异同点与优劣势，能够对小规模限制性在线课程教学模式的功能目标进行有效定位。

（三）小规模限制性在线课程教学模式的构建原则

1. 参与性原则

学生作为学习过程中的主体，应当通过积极主动地参与到学习过程中，搜集、获取知识，应用、体验知识，实现真正意义上的知识获得和思维培养。小规模限制性在线课程教学模式的功能目标之一就是提高学生的参与程度，促进深度学习而非表面知识的记忆。因此，在构建该模式的过程中，应当遵循参与性原则要求，发挥学生的主动性、积极性和自主性。

2. 社会性原则

教学实践是一种社会交往的实践，教与学的过程密不可分，学生与教师在这个学习系统中扮演不同的角色，并承担着相应角色所必须承担的责任。他们形成学习共同体，通过协作交互完成意义的建构。小规模限制性在线课程教学模式鼓励学生与教师进行深度协作交流，倡导通过个体知识的获取为集体知识的增长做贡献，而集体知识的增长反过来促进个体知识的发展。因此，线上交流、线下互动等环节都将体现出社会性原则。

3. 系统性原则

教学是一个系统的过程，通过对资源、程序与技术的整合应用，实现学习最优化的安排。系统性原则体现在小规模限制性在线课程模式上，是指一种持续反馈的动态的模式，它不仅包含具体的教学活动，还体现出对学生等因素的动态分析、对课程资源的动态设计以及对教学过程中的持续反馈。

二、小规模限制性在线课程教学模式构建分析

当前的慕课教学模式主要包含前端准备、组织运营和教学评价。由于小规模限制性在线课程源于慕课，因此本节仍旧以这 3 个环节作为小规模限制性在线课程教学模式的主线。此外，通过上文对高校教学改革的基本理念、小规模限制性在线课程教学模式的功能定位、相关模式以及教学模式构建原则的分析，本节总结出 5 个小规模限制性在线课程教学模式的基本要素，分别是任务单、视频与测验、论坛互动、学习分析和学分，前 3 个要素体现在小规模限制性在线课程在线学习中，学习分析体现在对在线学习数据的分析来优化线上线下学习上，而学分环节是学生在达到课程评价标准后的最后环节。作为小规模限制性在线课程区别于慕课的重要特征，限制性准入因素必不可少。

同时，由于构建的小规模限制性在线课程教学模式是以实现学生的深度学习为最高目标，因此应体现出深度学习的过程。按照深度学习理论中关于深度学习过程的要求，学生完成深度学习需要经过知识建构、迁移应用、评价反思等环节。结合小规模限制性在线课程教学的线上线下特点，知识建构的过程主要在在线学习中完成，而迁移应用、评价反思主要在线下教学中完成。

三、小规模限制性在线课程教学模式实现条件

小规模限制性在线课程教学的实现条件是指有利于该教学模式发挥效力的各种有利因素，包括物力条件、人力条件与动力条件。

（一）物力条件

物力条件主要是指教学所需具备的软硬件设施及相关基本保障。小规模限制性在线课

程教学模式是一种集线上课程与课堂教学为一体的新型模式，对计算机（或其他上网设备）、校园互联网、网络教学管理系统以及教室的多媒体等设施都有着较高的要求。首先，学生可以根据自身时间安排完成在线课程的学习，这就要求计算机在学生群体有着较高的普及率。对于学生来说，他们至少要有一种支持上网功能的设备。其次，在线课程是动态地推送课程，学生不仅可以观看慕课视频，及时进行测验，而且可以与师生讨论交流、书写云笔记等，这些学习环节的实现有赖于良好的校园网络。此外，高速宽带校园网络不仅要覆盖教室，而且应当延伸至图书馆、宿舍楼，乃至校园的每个角落。全方位的网络覆盖才能保证学生可以实现随时随地的移动式学习。小规模限制性在线课程要求教师掌握一门优秀的课程管理云平台，不论是各种慕课平台，还是其他功能强大的管理系统，都能够为实现小规模限制性在线课程教学提供平台支持。

（二）人力条件

在小规模限制性在线课程教学模式的前期准备、课程开设、在线教学等环节，由专业教师及助教组成的课程团队发挥着重要的作用。这不但要求任课教师通晓慕课课程与校园课程的整合流程、教学过程的实施方案以及教学方法的使用方法等，而且要求教师能够及时改变传统的教学观念，接纳新型的教学理念。此外，开展小规模限制性在线课程教学还需要有 1~2 名助教，这些助教可以是学生群体表现优秀者，也可以是更高年级的优秀学生，还可以是其他合作的教师。助教不仅需要对学生在线学习中遇到的问题等及时解惑，而且需要负责课程平台的管理工作、资源的推送和学习的管理、服务等。

（三）动力条件

第一，教育信息化与教学网络化、数字化、全球化等是小规模限制性在线课程教学模式发展的外在动力。教育信息化的核心关键词是教学信息化，这要求教师能够做到教学理念时代化、教学模式现代化和教学手段科技化。为此，学校与教师必须重视创设和应用新型的教学模式以提高在校生的教学质量。而作为慕课优质教学资源的一种校园应用方式的小规模限制性在线课程教学模式正是这一动力作用下的产物。

第二，学生全面发展的需求是小规模限制性在线课程教学模式发展的内在动力。由于人的本性与社会的要求，学生有着全面发展的特殊需求，这一需求又促使学生不断寻求满足需求的发展。小规模限制性在线课程教学模式不仅能够满足学生对于知识的发展需求，而且能够促进学生的知识迁移应用能力的提高。而协作交流的学习形式也能够促进学生养成良好的人际合作能力，对新想法、新思维的培养起到引导作用。

四、小规模限制性在线课程教学模式的教学应用

《面向对象程序设计》课程是普通高等院校必开的课程之一，也是教育技术专业本科生的必修课程之一，这门课程将引领学生进入计算机编程的领域，对教育技术专业的学生从事软件开发类工作有着重要的意义。然而，这门课程的教学却面临着一个挑战—课程学

时少与教学内容多的矛盾。程序语言学习是通向互联网技术行业的一个重要途径，而互联网技术行业作为国内最有吸引力的行业之一，很多非计算机相关专业的本科学生渴望学习这门课程是情理之中的。但是，这类课程却通常在一个学期内教授完毕，教师很难在完成所有基本知识的讲授之余还能带领学生从事一些真正的应用程序的编制、开发，这就导致了学生在学习完后虽然学到了知识，但基本技能的提升却难以令人满意。

在小规模限制性在线课程教学实践后，研究者在学生在线学习行为分析、课程成绩对比分析、学生满意度调查分析以及教师访谈调查分析等方面进行探究，得出以下研究结论。

第一，小规模限制性在线课程教学模式在高校本科教学的编程语言类课程中具有可行性。小规模限制性在线课程教学实践的顺利开展说明，至少在高等学校的本科编程类课程中，小规模限制性在线课程教学模式是具有可行性的。

第二，小规模限制性在线课程教学模式能够促进慕课优质资源在高校校园中的应用。从前期的调查问卷结果分析，从教学实践中学生对于小规模限制性在线课程教学视频等元素的高频度点击，到最后学生满意度调查结果分析，可以发现学生对于名校名师的慕课课程有着较高的兴趣。对教师而言，一名教师与一名助教的合作就能完成慕课资源与现有校园课程的整合，通过小规模限制性在线课程将优质的慕课引入校园课程是值得一试的。

第三，小规模限制性在线课程教学模式能够有效地提高学生的参与程度、交互程度，促进深度学习的发生。通过对论坛中学生的发帖进行社会网络分析，研究者发现学生的在线交互是比较积极的。同时，学生问卷的反馈体现出小规模限制性在线课程模式下学生的参与性有着显著的提高，以往仅有24%的学生积极参与到课堂学习活动中，但是在小规模限制性在线课程模式下，这个数据提高到了44%，由此形成了明显的对比。再者，从以往简单的学习书本知识到现在使用所学知识去开发项目，从简单虚拟情景到复杂的现实情景，学生的学习活动不仅包含在线知识的学习，更重要的是聚焦于思考活动，他们不仅需要学习知识，而且需要迁移应用反思所学的知识，这也正是深度学习的体现。

第四，小规模限制性在线课程教学模式显著地提高了学生的学习成绩。研究者将课程结束后的测验成绩与上年同期学生的成绩对比发现，小规模限制性在线课程模式下的学生平均成绩有了显著提高。这表明，小规模限制性在线课程能够显著地提高学生的知识掌握水平，提高学习成绩。

第五，小规模限制性在线课程教学模式的评价机制更能够体现出学生的真实水平。研究者通过问卷结果分析发现，相对于传统的期末测验考核方式，学生更倾向于小规模限制性在线课程模式中多元化的评价方式，他们认为这样能够更加真实地反映出他们的学习情况。

第六，小规模限制性在线课程教学模式中的在线学习环节能够有效地促进学生学习成绩的提高。研究者将学生的测验成绩与在线学习中各模块的访问量进行了相关分析，结果发现，学生的测验成绩与在线学习中视频模块、测验模块访问量呈显著的正相关。可见，在线学习环节的设计能够有效促进学生学习成绩的提高。

五、实践中的问题与模式的改进

在对构建的小规模限制性在线课程教学模式开展实践研究时，通过对在线学习数据、学生问卷数据、教师访谈资料的分析，并结合研究者在为期 12 周的实践研究中的体验与反思，总结出该模式中存在的问题，并据此对教学模式做出修正。

（一）小规模限制性在线课程教学模式实践中存在的问题

1. 限制条件的增多

研究者发现，小规模限制性在线课程教学模式在实施过程中除基本的人力、物力、动力条件外，还需要具备 4 项条件。第一，对教师素质的要求较高，教师要善于使用新技术，乐于接受教学挑战。第二，学生必须有一定的计算机操作水平，并具备一定的自我约束能力。第三，详细的平台介绍是必不可少的，学生在一开始学习时会觉得学习一个平台的使用比较麻烦，所以教师需要详细地向学生介绍平台的使用方法。第四，减少无关因素的干扰。

2. 教师工作量的加重

小规模限制性在线课程模式的开展一般需要多位教师或者一位教师与多位助教的合作，如果仅凭一位教师完成小规模限制性在线课程的设计与实施，会产生工作量过重的问题。在这种教学模式中，教师不仅要动态地完成在线课程的设计、课程平台的维护，而且要精心准备课堂学习内容，这样的工作量必然大于以往课堂讲授式的授课方式。因此，多位教师合作或者“教师+助教”的组合更加适合使用小规模限制性在线课程教学模式开展教学，明确的分工与合作，不仅能够让教学压力降低，而且会使学生受益更多。

3. 论坛交流缺乏教师的引导

经过 12 周的教学实践，研究者发现，学生在线学习的积极性是较高的，但是在论坛学习中并没有形成紧密的团体关系，论坛中信息的流动性仍有待提高。产生这一问题的原因可能在于教师对于学生的引导不足，论坛中教师主要是进行答疑解惑，很少提出可供学生深入挖掘的话题引发学生的深度讨论，学生在虚拟环境中的学习需要教师的步步引导才能逐步走向深入。

4. 小规模限制性在线课程在线学习与课堂学习的比例问题

课程结束后的调查问卷结果显示，学生认为小规模限制性在线课程教学模式下自己投入的学习时间明显增长了，这意味着学生的学习压力有可能加大了。传统的校园课程以小规模限制性在线课程模式开展时，如果不能够合理地规划在线学习时长与课堂教学时长的比例，便有可能造成学生学习负担的加重。

5. 组内学生人数的问题

从学生的问卷反馈看，学生对于小组合作的满意度并未达到研究者的预期值。出现这一现象的原因可能是实践中学生分组时每个小组人数过多，更容易出现意见分歧或者贡献不平等问题。

（二）小规模限制性在线课程教学模式的改进

针对小规模限制性在线课程教学模式实践中存在的问题，并结合其本身的功能目标，研究者提出以下改进方案。

第一，丰富小规模限制性在线课程教学模式的实现条件。研究者从物力条件、人力条件和动力条件三个方面阐述了小规模限制性在线课程教学模式的实现条件。但是，为了应对实践中存在的“限制条件增多”的问题，研究者认为在“人力条件”方面，一是教师要善于使用新技术，乐于接受教学挑战；二是学生必须有一定的计算机操作水平，并具备一定的自主学习能力。

第二，为了解决单个教师开展小规模限制性在线课程教学有可能会产生工作负担过重的问题，研究者将小规模限制性在线课程教学模式中的“教师”调整为“教师团队”。这里的“教师团队”可以是小型的，也可以是大型的；可以是一名教师与多名助教的组合，也可以是多名教师的组合。

第三，为了解决学生在线论坛中信息流通性不高的问题，研究者将小规模限制性在线课程教学模式中教学过程组织阶段教师在论坛中的角色活动由“论坛解疑”改为“论坛解疑与引导”。这就要求教师不仅要及时解决学生在论坛中提出的问题，而且要发挥引导作用，通过抛出问题的形式将学生的讨论引向更深层次。

第四，为了解决小规模限制性在线课程在线学习与课堂学习比例设置引起的学生学习负担过重的问题，研究者认为在具体的实践过程中，教师应当合理安排线上教学与课堂教学的比例，必要时适当地减少课堂教学时数。

第五，为了解决学生分组问题，研究者认为在根据学生学习基础和学习风格进行分组时，尽量减少每组成员个数，细小的分组有利于学生进行深度探究。

本研究在梳理前人研究的基础上，探析了高校采用小规模限制性在线课程教学模式的需求，并尝试构建出实施小规模限制性在线课程教学的基本模式。经过实践验证，这一模式具有可行性与有效性。

第四章　高校计算机教学设计改革实践研究

第一节　学生与教师

一、学生

采用“设计”学生这个的动词来对待学生似乎不恰当。但是，如果从“学生、教师和任务是课题教学的三要素”这样一种理念来考虑，教师就必须琢磨自己施教的对象，设计学生，就是在全面了解他们的基础上，充分发挥学生的个性，调动学生的积极性来实现教学目标。

（一）关注学生的专业发展，提高学习的质量

1. 针对学生的专业方向，满足学生的就业需求

在给一个游戏软件专业的班级上“编辑图形”课时，学生对这样的教学内容不感兴趣，他们的兴奋点仍然停留在上节课的绘制程序流程图上。什么地方需要画菱形图？什么时候需要循环？这些问题关系到将来的实际工作，至于把简单图形旋转、组合，或排列等问题与流程图关系不大，因此他们提出让教师换一个教学内容，教他们怎样画流程图。下课后，教师的思绪仍然纠缠在学生的要求之中，学生的要求过分吗？教师的教学思想不对吗？怎样做到两全其美呢？在教科书中找到一段小程序，参考它认真画起流程图来，由于是在 Word 中画图，Word“绘图”工具的各种功能几乎都派上了用场。解决矛盾的思路逐渐地在头脑中产生了，何不设计这样一个“编辑图形”的教学任务：先教给学生读懂一段程序，然后让他们利用 Word“绘图”工具的“编辑图形”功能绘制该程序的流程图。这种做法是建立在“适合学生的就业要求”基础之上的，体现了以能力为本位的教学设计思想。

编辑图形无非包含绘制简单图形、插入图形、旋转图形、移动图形，缩放图形、组合及拆分图形等，对于程序设计专业的学生来说易如反掌。考虑到学生由于轻视而产生敷衍了事的学习态度，决定以专业需要作为切入点，用专业技能与基础知识结合作为激发学生兴趣的手段，提高学生学习的主动性。具体任务是让学生利用“绘图”工具栏上提供的各种工具和图形素材，绘制并编辑“射击”游戏的程序流程图。这里有意设计了 10 个分支环节，由此需要 10 个菱形框、10 个箭头、10 个“N”和 10 个“Y”相配合，才能构成一个完整的程序流程图。针对这么多相同图形的操作，面临主要的问题是需要掌握选定和排列多个图形的巧妙方法，如使用“选定对象”工具，或通过按下 Shift 键再单击要选定的图形，都可以选定多个图形。但使用的场合不同，得到的体会也不尽相同。另外，先绘制一部分图形，再复制出多个图形，并组合在一起是一种有效的思维方式，但需要许多操作技术来配合，如图形分布、移动、组合与拆分等操作都需要动脑筋才能实现。可见，这样设计的任务既能学习基础知识，又能够训练专业技能，还可以优化思维方法。

实现过程：首先，让学生口述该游戏的操作规则及游戏情节；其次，将其用文字写在黑板上；最后，让学生按照对游戏的文字描述绘制程序流程图。与此同时，对流程图的绘制规则，以及对图中各种要素所代表的含义都做了比较规范和详细的解释，此举必定是超前行为，提前接触并了解到流程图，为软件设计专业的学生将来学习专业课开个好头。

在绘制流程图之前，就要对软件进行“翻译”，即把游戏用户对游戏属性和操作规则的理解解释为编程术语，如哪里是顺序执行、哪里需要循环语句、哪里需要采用分支结构以及确定一些主要的陈述语句。如何绘制循环结构程序的流程图呢？这个问题本来应该留给程序设计教师在后续的专业课中进一步探讨，但是有的学生已经质疑这个问题。由此，索性给完成任务快的学生再布置一个任务，就是用循环结构替换具有 10 个分支的分支结构，不过需要教师补充一些有关循环程序设计的相关知识，为程序结构设计教学任务的顺利完成铺垫一些必要的知识。在绘制流程图的过程中，学生可以学习到许多图形编辑方面的知识和技能，比如，在图形框中插入文字前需要减小文本框的内部边距，目的是缩小该框的整体尺寸，以便使整个流程图更紧凑、更协调；选定多个菱形的多种方法；采用“对齐或分布”操作，使 10 个菱形均匀排列成梯形；改变 10 个菱形的宽度，以便绘制两个菱形之间的流程线；菱形与箭头组合，以便在对齐中能够统一排列等。

2. 注重自学教育，留给学生更多的发展空间

长期的教学实践使我们体会到这样一个道理：不但要了解学生的知识、技能基础，还要了解学生的性格和兴趣，这样才能为确定教学流程和确定教学方法提供可靠的依据。

基础知识都比较枯燥。Windows 窗口的组成和操作就是相当重要的基础知识，能否带领学生走好这段基础路程，在时间和空间上，都将决定学生应用计算机的水平，如果教师单调地讲，学生枯燥地仿，势必使学生产生厌倦心理。所以，总结出“三不讲”的原则，即没用的不讲，学生会的不讲，学生自己能够摸索出来的不讲。根据这样的原则，模仿拼积木的思路精心编排窗口操作的实验题，通过缩放、开关及移动窗口等一系列操作，把多个小窗口平铺在一个大窗口中。这项工作看起来简单，实现过程却需要细心和耐心来配合。

教师讲解课程内容要为学生留有余地，不要怕学生做错，在计算机操作过程中，一次失败教训胜于多次正面引导。通常情况下，总要有少数学生在知识难点和技能难点之处产生疑惑，徘徊不前甚至“摔倒”，教师应该在恰当的时候纠正错误的理解，演示正确的操作，使学生产生“柳暗花明又一村”的感觉。

教学设计应关注整体课程内容的有机结合，既保持知识的连贯性，又体现操作要领的一致性。为此，教师在教学设计时，既要考虑学生个性、兴趣和基础的因素，又要保持教学内容的统一性；既要重视教学任务的完成，又要关注学生自学能力的提高；既要认真学习教材中的知识，又要启发学生拓宽知识。在课堂上的教学课时有限，学生学习计算机技术、为信息社会服务道路还很漫长，教师在课堂教学中必须注重培养学生自学的能力，逐步提高学生独立开发、自主应用新软件的能力。通过上述教学环节的安排，可以加大教学容量，提高课堂效率，使学生具备自学能力和独立开发新软件的能力，这才是终身教育的宗旨。

（二）利用学生的个性差异，让每个学生均衡发展

1. 通过分层教学解决学生基础差异带来的矛盾

由于多种原因致使个别班级中的学生在学习计算机课程时表现出明显的“分层”现象。有的学生操作计算机的技术比较熟练，知识面也比较广泛；有的学生几乎是零起点，需要多方面知识和技能的铺垫。怎样解决这个矛盾呢？原则还是因材施教=设计思路：学生与教师之间存在一些障碍，而学生与学生之间不但容易沟通，而且还“心有灵犀一点通”，这个“灵犀”来源于他们在年龄，兴趣、处境、感情之间的吻合和一致。所以，集中精力培养出几名掌握知识和技能都比较熟练的学生，作为一些基础比较差的学生的小老师，这种做法为解决学生差异、实现分层教学做出了有益的探讨。

2. 针对学生的性别差异，调动课堂上的积极因素

在日常教学中，很少有人会依据学生的性别来改变教学方案的。但性别的确能够使男生和女生对待某节课的兴趣产生较大的差别，尤其是在上专业课时表现得尤为突出。为了充分调动所有学生的积极性，在教学中可以设计出两种不同的训练题，体现在课堂教学中对性别差异的关注。这种思考在计算机教学中尤其能够得到很圆满的实现。

利用性别的特点来设计课堂教学不但可以激发学生对知识的渴望，还能够充分发挥学生内在的潜力，使创新能力在学习中得到足够的发挥，对在计算机课堂上进行素质教育具有一定的好处。

二、教师

（一）积累宽泛的学科知识

要想成为一名优秀的计算机教师，不仅要有深厚的计算机专业知识和熟练的专业技术，而且要有宽泛的其他学科知识作为支撑。因为广泛地学习多种学科知识对于认识计算机、学习计算机、教授计算机都会产生潜移默化的作用。

（二）不断提高实用的专业技术

学生对教师的信任来自教师本人的知识水平和专业能力。教师不仅应该具有完整的专业知识体系，而且应该具备精益求精的工作态度。例如计算机组成与结构课程，教师只有

熟练地掌握计算机专业技术，在讲解剖析计算机的组成结构时才能游刃有余，在形成软件的设计思路时做到轻车熟路，这样才能在学生中建立威信，让学生信服。这是充分发挥教师的主导作用的重要条件。

第二节　教材、任务及流程设计改革

一、教材设计改革

不同专业的教学目标是不同的选择教学素材、确定教学方法、应用教学手段等都需要有针对性。换句话说，面对不同专业的学生，教师需要设计不同的教学方案，才能提高教学的针对性，使教学活动更加活跃和高效。教师也需要根据教学难度，恰当地整合教材，并且深入挖掘计算机中丰富的文化内涵，充实教材内容。

二、任务设计改革

在任务驱动教学模式逐渐被广大教师和学生接受的情况下，研究任务驱动的依据，纠正任务驱动的不良倾向，提高任务驱动的实际效益，这些都是教师在设计教学任务时应该认真考虑的问题。好的教学任务是实现教学目的重要条件。这种教学任务来自教师精细的观察，包含重要的知识点和技能点，应该采取恰当的教学方法对其中的重点与难点进行突破，注重对学生能力的培养。

三、流程设计改革

为了具体地比较说明怎样设计课堂教学的流程步骤，下面的讨论都以任务驱动模式为例，在此处将讨论 3 个问题：第一，任务驱动的标准流程；第二，分段进行驱动；第三，任务驱动的嵌套形式。

（一）任务驱动的常见流程

示范操作不是一个简单的问题，是全盘示范还是局部示范？示范当中需要给学生留有一点自主学习的机会吗？是让会做的学生为不会做的学生示范，还是老师统一做示范？这些问题都需要教师在课堂上根据实际情况灵活处理。

检测评价环节是任务驱动的最后一个环节了，如果掉以轻心，不认真检测学生对知识掌握的程度，即使对上述各个环节都很满意，最终的教学效果也可能是不圆满的。本着效果为主、形式为辅的原则，教师必须从多个侧面，采用多种手段来检测教学效果，比如教师口头提问或让学生完成一些练习题，必要时应该把备用的“任务”交给学生，学生独立完成与“主任务”相似的任务，这样可以更真实地对学生进行检测。

总之，在上述每个驱动环节中都有许多问题值得推敲，在每个“跳转点”处都有许多

“何去何从”的问题，希望大家能够共同探讨任务驱动的理性问题，使这种教学模式更加成熟、更加完善。

（二）任务驱动的分段处理

问题由来：学习 Excel 图表对数据分析能够提供有力的图解方式，而且操作简单、类型齐全，包括柱形图、饼图、曲线图等 14 种图表类型。虽然图表的教学内容很多，但一般教材都把有关图表建立和应用的内容一股脑地安排在一节课中完成。然而，由于学生缺乏统计和财务等方面的知识，他们对“累积效应”“超前和滞后”“走势”等概念了解不多，在有限的时间内完成这么多的任务，大部分学生都做不到，即使有个别学生完成了，当教师提问到什么时候用什么图表时也可能张冠李戴。在这种情况下，采用分段驱动法会缓解课堂矛盾，减轻学生压力，改善教学效果。

设计思路：当操作难度比较大，完成任务的时间比较长时，可以先把任务分隔成几个片段，每个片段可以看成一个“小任务”，然后依据这些“小任务”把“示范引导”和“学生实践”也划分成相同的几个片段，必要时也可以把“铺垫基础”分隔成几段，分配到“示范引导”和“学生实践”当中去，使讲解知识、教师示范和学生操作分段交替进行，在这个教学环节中构成一个小的循环，这样有利于突破难点，提高课堂效率。

实现过程：教过 Excel 图表的老师都有共同的体会，这部分内容虽然难度不大，但类别繁多，学生即使完成了任务，真正地运用图表来分析数据时往往感觉力不从心。教师应该重视对 Excel 图表基本概念的铺垫，一是使任务实际化；二是强调每种图表作用的特殊性，这些就是学习 Excel 图表的关键问题。

理性思考：看到分段进行的任务驱动便联想到工人用撬杠驱动重物的情景。两根撬杠交替插进重物下面，每次使它移动一小段距离。由于物体体积庞大且沉重，如果想一次移动的距离很大，就容易把重物撬翻了，结果是欲速则不达。

（三）任务驱动的嵌套形式

问题由来：进入 PowerPoint 课程学习的终末期阶段，如果采用任务教学模式，必然要把在每个单元教学中制作的幻灯片通过多种手段链接在一起，组成一个完整的有分支和返回功能的演示文稿，使得讲演者能够利用超级链接灵活控制被放映的幻灯片。许多教师都把链接对象、链接效果、链接方法作为教学的重点，结果意想不到的问题却发生在演示文稿的结构设计上。学生操作自己的演示文稿时，有的无法返回到上一级幻灯片，有的翻来覆去地放映一张幻灯片，有的无法链接到指定的幻灯片上，种种问题都离不开学生对文稿整体结构了解的欠缺，在“知识铺垫”环节中适当补充有关树状目录结构的基础知识是解决这个问题的正确途径。

设计思路：如果能够提前设计好演示文稿的整体结构框图，再清楚地标注每个幻灯片链接下一级幻灯片和返回上一级幻灯片的路径，在具体实现超级链接时就会纵观全局、脉络清晰。这不但是一种概念性知识的铺垫，也是思维方式的训练，在“知识铺垫”环节必须突破这个难点。最贴切、最形象、最简单的方法是，借喻树状目录结构的概念来辅助幻灯片链接整体布局的设计，这种辅助作用的实现最好也是采用任务驱动教学模式。换句话说，本节课不但在整体上采用了任务驱动教学模式，而且在其中的“基础铺垫”环节中又采用了任务驱动模式来学习树状目录结构方面的知识，实现了任务驱动过程的嵌套进行。

实现过程：本节课的教学过程一共有6个环节，“任务描述”力求清楚，并突出整体结构设计的重要性。“任务分析”一定要提出教学难点，即如何控制树状结构分布的幻灯片有序地放映。在进入“基础铺垫”环节之前，可以课前调查，或课堂抽查，了解学生掌握相关基础知识的现状，如果普遍存在对树状目录理解欠缺的问题，则必须增加一个“基础铺蛰”内层任务驱动的环节。在此环节中，同样可以具有6个完整的教学环节，但是考虑到树状目录的知识没有大的难度，所以可以简化内层驱动中的“基础铺垫”和“检测评价”环节，当学生基本掌握了主要知识后，就可以提前回到“主任务”驱动过程中，继续完成幻灯片链接主任务中的“示范引导”“学生实践”和“检测评价”3个教学环节。如果在主驱动教学效果的检测中，发现学生存在一定的操作技术性问题，只需要重复进行“示范引导”和“学生实践”环节就可以了。一般情况下，学生都会掌握制作超级链接的概念和技术的，千万不要返回到“基础铺垫”的内层驱动中去，那样是不必要的，时间也不允许。

“嵌套式”任务驱动教学的关键问题是如何解决内层任务驱动与外层任务驱动在时间花费上的矛盾问题。本节课教学的主要任务是制作幻灯片的超级链接，所以一定保证有足够的教学时间。但是，在解决教学难点的基础知识铺垫过程中，要实现内层的任务驱动也需要一定的时间。所以，一定要清楚学生了解操作系统命令的情况，恰到好处地补足这方面的缺陷，不要纠缠不清，只要理解了树状目录结构的基本特点和注意事项，就可以跳出内层循环圈，进入主流程，有些还没有彻底解决的概念问题，在实践活动环节中，把握时机再进行统一讲解或个别辅导。这样，基本能够把大量的时间留给“主任务”的完成，不会在“基础铺垫”这个子任务圈中停留过长时间。

理性思考：铺垫基础知识和强调牢固掌握基础知识都是教师应该关注的问题。然而最艰难的是如何界定哪些知识是基础。如果我们能够把类似“树状目录结构”“二进制”“字符分类”“软件窗口组成”和“图形化语言”等内容作为计算机应用的基础知识，用平常叙述性语言在不同专业之间出现的“众口难调”现象能否得到相当程度的缓解？

第三节　教法、手段及环境改革

一、教法设计改革

教学方法是达到教学目标灵活变化的重要因素，是提高课堂教学效率的有效措施。衡量教法是否正确的主要标准是学生满意，学生是否受益。能否针对不同的学生和不同的教学目标，灵活设计和运用教学方法，是衡量教师教学思想和教学水平的有效标准。

（一）借助教法引导学生突破难点

字符虽然是计算机中最常见的东西，但很少有人把教学重点放在研究字符的作用上。面对这种情况，应该采取设障法，使学生把目光转移到字符上来。接下来，采用典型引路的方法，以分节符为切入点进行难点突破，在实际操作中加深对“分节符”基本概念的理解。

实现过程：下面通过介绍具体的教学过程和体会来体现一种崭新的教法设计思想。为了将注意力转移到特殊字符上来，先让学生通过插入3个分节符，将文档内容划分成两部分，然后将上部分分为3栏，将下部分分为2栏，分栏成功后再要求取消分栏，使整个页面恢复原来的样子。接下来的操作使疑点暴露出来了，当进行缩小页边距操作时，竟然出现上面宽、下面窄的奇怪现象。在此关键时刻，教师可以按下“常用”工具栏上的“显示/隐藏编辑标记”按钮，分节符的真面目就会显露出来，原来是一条横贯页面的虚线。

接下来的问题是：既然已经取消了分栏，为什么“分节符”还存在呢？疑点引发了学生的兴趣，同时对后续教学的顺利进展起到了积极的牵引作用。怎样解释这个问题呢？不必正面回答，只要举了一个生活中的例子就能够解释原因、说明道理、找到出路。假如在操场上画了3条线，将地面划分为两部分，然后让一部分学生排成3排，让另一部分学生排成4排。试问，当两部分都恢复到原来的一排时，分隔线也自动消失了吗？不必解答，答案自然清楚。但新问题又出现了，怎样彻底取消分节符呢？老师教给学生一种可靠的方法，那就是在看见分节符时，把它当作普通字符从文档中删除。学生通过实践证实了老师的办法是正确的，可是，当他们采用逆向思维，企图通过删除分节符来取消分栏时，竟然发生了“格式侵犯”现象，3列分栏变成了2列分栏。

最后，再将其他特殊符号的样子、作用、特点、操作要点等内容以表格方式提供出来，并经过上机实验，验证教材中一些概念的正确性，并加深对字符基本概念的理解。这部分可以作为教学评价的内容，以读图、填空、连线等形式设计出新颖的检测题，既扩展了对其他特殊字符的普遍了解，又巩固了分节符的特殊概念。

（二）采用研讨法教学的设计过程

Excel中的单元格地址引用是《计算机应用基础》中比较难理解的内容，同时也是在实际应用中使用概率非常高的一个知识点。学生们虽然已经学习了使用公式计算，但过渡到这节课时总不免显得似懂非懂。首先表现出来的是对单元格地址引用的概念理解起来不习惯，尤其是对“地址”和“引用”两个概念的理解，需要认真对待。接下来的问题更麻烦，如“相对引用”“绝对引用”“混合引用”等，理解起来确实有些抽象。

为了培养学生的逻辑思维能力和分析问题的能力，培养学生运用所学知识解决实际问题的能力，培养学生对新事物的认识和理解，培养学生认真分析问题的态度，必须对如何突破本节课的教学难点，掌握重点问题引起足够的重视。为此，采用研讨法学习单元格地址引用是恰如其分的。

设计思路：教师利用引导发现法和探究研讨法进行教学。在学生感知新知时，以演示法、实验法为主；理解新知时，以讲解法为主；形成技能时，以练习法为主。

建构主义学习理论主张要以学生为中心来组织教学，要求学生由被动的听讲变为主动的思考。本着这样的主导思想，本节课由5个主要教学环节组成，即观察、实践、归纳、验证、应用，目的是让学生自主参与知识的产生、发展与形成的过程。通过不断地提问，激发学生积极思考问题，让学生主动提出疑问，主动回答教师的问题，调动学生的积极性。

实现过程：在课前的准备时间里，提前在计算机中绘制两个相同的Excel表格，提供一些原始数据，形成供课堂上使用的“学生成绩表”，并投影到屏幕上。教师以屏幕布的成绩单工作表为例，对学生进行引导，让学生思考怎样求得学生A的语文、数学、外语3科总成绩，公式应该怎样写。解决该问题后，可以再提出一个新的问题：如果改变其中某一科的成绩时，希望总成绩也能随之变化，应该怎样做呢？这样连续两个提问可以引发学生思考，并进入本节所学内容。然后又提醒学生注意：在学习使用公式进行数据计算时，使用单元格地址作为参加运算的参数就如同在数学中使用变量X，Y一样。比如，在“-B3+C3+D3”中B3、C3、D3都是单元格地址。如果学生对这样的切入感到突然，此时可以简要地复习单元格地址的有关概念，这样做有助于学生巩固旧知识，吸纳新知识。

理性思考：教师要从讲台上走下来，走到学生中间去；教师必须把注意力从“演好主角”转移到“当好导演”上，把课堂的主角让给学生；教师要尽善尽美地为学生自主学习、积极思维、全面发展服务。

二、手段设计改革

教学手段指的是在教学过程中，为了辅助教学利用了除教材、黑板和粉笔等基本教具之外的资源和设备，配合教学任务的完成，这种做法也是一种手段。但是它给教学带来好处的同时，其负面效应也越来越浮出水面，被广大教师所关注。在本章中，列举了两个典型课例来体现上述思想。

（一）传统的教学手段是教学实践的结晶，不能被忽视

对于教师来讲，把大部分精力都集中在制作课件上，对课件的感染力寄托了过多的期望，以至于课堂上固定的东西太多，从教师或学生头脑中临时激发出来的东西太少，这样不利于学生创新能力的培养，不利于教师教学观念的转变和教学方法的提高。

真正有成效的教学活动是建立在师生互动基础之上的，真正的收获是学生自己总结出来的。但是，当抽象的问题难以用文字和语言描述清楚时，当危险的场景难以到现场体验时，当物质内部微小的变化不能用肉眼看到时，制作一个短小精悍的课件来弥补，这才是多媒体教学辅助课件应该摆正的地位。

（二）开发仿真教学软件的启示

例：计算机组装与维修的仿真软件（开发有实效的教学课件）

问题由来：计算机组装与维修专业上实训课最重要的就是实验环境、设备和原材料，既需要具备真实性，还需要一定的资金投入。比如，每次查找硬件故障时，都会有器件被不同程度地损坏，这个问题成为该专业上实训课的常见问题。另外，每一次上维修实训课之前，教师都需要长时间地在机房中，人为设置各种上课需要的故障。这些问题长期困扰着上课的专业教师，当然也包括在内。接触到 Authorware 软件之后，发现这个软件的最大特点是交互性强，它强大的计算功能为仿真维修的真实环境，模拟人类的思维过程，制作出与实际情况相贴近的“计算机组装与维修”教学软件创造了先决条件。为此，开始做思想、技术和资源方面的准备，一旦时机成熟，马上进入软件的研究与制作过程。

设计思路：大约在着手设计软件的前 1 个多月开始构思，确定了组装与维修的主要对象包括主板、CPU、内存和显示器等。整体方案成熟后，软件的设计工作也就进入了实质性的、艰难的阶段研制过程。下面，以 CPU 的安装和维修实验过程为例，说明设计的思路和解决困难的具体办法，使人产生犹豫的问题是采用图片来表示操作过程，还是采用视频来反映操作过程呢？为了提高软件对教学辅助的实效性，也确实想走一条崭新的课件开发之路，所以毅然选择了后者，当然，困难就接踵而来了。

采用动态模拟的方案比较新颖又能提高真实性，可以先拍摄一些关键操作的录像，再从录像中截取有用的视频片段。为了充分发挥多媒体在仿真、模拟过程中的作用，软件应该加入适量的文字与声音提示。

三、环境设计改革

计算机教学与其他传统学科教学有明显的差别，那就是教学环境中教学效果的影响至关重要。

（一）真实的环境能够下到实用的知识

计算机教学环境是与教学效果密切相关的问题。比如软件平台的选择、网络环境的利用、教学评价系统的建立、硬件运行的可靠性、模拟教学环境的创立等，都是教学环境设计的主要组成部分，应该认真对待。

当学生在不上网的情况下进行发送邮件的操作时，虽然不能将信息发送到因特网上去，但邮件的内容每次都被保存在指定的内存区域中。由于内存的地址是已知的，所以，要想获得一台计算机中刚发出来的邮件内容是不困难的。困难就出在当两台计算机互相收发邮件时，谁来充当“鸿雁梢书”的角色呢？由于机房具备了局域网环境，只要能够编写一个针对机房运行的“网络信息服务程序”，就能够依托网络线路把数据传来传去。想到这里，难题似乎解决了，但更大的困难是，如何让这只“鸿雁”在机房内所有的计算机之间飞来飞去，及时找到邮件信息，并准确地传送到需要的地方。看来，研究一个能够传送邮件信息的软件势在必行。

实现过程：这个用汇编语言编写的程序具有四大功能，由若干个子程序和一个调度主程序组成，分别完成截取、检查、接收、发送等网络信息操作任务。研究分为 4 个阶段。首先，必须找到那个存放邮件信息的固定内存地址，采取的方法是先进入“写邮件”的窗口，简单地写一句话，比如“你在哪里”，然后将这个邮件随便发送到一个其他邮箱中。接下来的工作就是在无边无际的内存中找到刚才发送出去的“你在哪里”，找到存放邮件的固定内存地址。如果想查找磁盘文件中的某个关键字，可以执行 Windows“开始”菜单的“搜索”命令，但现在是打算在内存中搜索，唯一有效的方案是执行计算机内部命令“Debug”进入编辑汇编语言的环境中。记录下这个内存地址以后，再反复实验几次，没有发现地址有丝毫的改变，第一项实验得到了满意的结果。

经过第一阶段的研究可以得出这样一个结论：邮件的全部信息以一个“邮件字符串”的方式固定存储在一个内存区域中，只要能够不断地检测这个区域中的内容是否更新，就会发现是否有邮件来到计算机中。下一步的工作更艰难了，分析新邮件的信息由几部分组成，这个长字符串应该被划分为几段，每段的含义是什么，这些都是必须认真研究的问题。可喜的是，邮件的内容一字不差地夹杂在这个“邮件字符串”的中间，前头有一些莫名其妙的编码，后面也是一些读不懂的信息。看来，只要能够读懂前后两部分代码的含义，问题的难点就被突破了。经过反复实验发现，前面的代码正是本次发送或接收邮件的特征字，记录了邮件发送的时间、接收邮箱的地址、邮件的长度、邮件的类别（发出的还是接收的）等。这些信息为编制前面所说到的“网络信息服务软件”提供了必需的依据。

服务对象的“体貌特征”清楚了，就可以为这个对象量身定做服务软件了。这个软件的程序部分由主程序和 3 个子程序组成。这里主要介绍主程序的工作过程，程序是在局域网上循环运行的，它不知疲倦地按照一定的日期巡回检测每一台学生机，为传递网络信息服务，服务的内容有 3 项。巡回检测每台机器中那个“邮件字符串”的“发送时间”字段，判断是否有新邮件出现。如果发现读出的时间比上次保存的时间晚，说明这个邮件是新的，则应该继续判断是发送出去的邮件还是接收到的邮件。如果是后者，还需要继续判断“接收邮箱的地址”与本机的地址是否一致。如果一致，邮件就是发送给这台机器的，必须马上调用“声音报警”子程序，还可以调用“显示小信封”子程序，以图、音并举的方式提醒用户注意：有新邮件来了！如果是发送出去的邮件，就可以不予理睬，等到循环到邮件应该送到的那台机器时再做处理。可能有人要问，机房内的每台机器都有自己的邮箱地址吗？这是一个比较关键的问题。为了给“网络信息服务软件”提供检测、判断的方便，重新给每台计算机赋予了一个独一无二的邮箱地址（在机房范围内），邮箱的用户名部分用二进制表示，一直到最后一台机器，检测子程序检测到这样的字符串后很容易分离出机器的代码信息，为传送信息提供了目标地址。下一步工作是编写在机房内的所有计算机之间传输信息的“数据传输”子程序，它的任务是把发送邮件机器中“邮件字符串”的全部信息读到教师机中来，并保存在指定的“课堂练习评测”区域中，以便教师对每个学生的训练效果进行检测，也为评价每个学生的课堂练习成绩提供可靠依据。接下来，“数据传输”子程序要完成自己的主要任务，就是把这个新的邮件信息准确无误地送给“收信人”。这段程序是用Pascal语言编写的，也需要从每台计算机开机后在服务器中产生的注册码中提取目标机器的地址代码，以此作为投信的目标，把邮件及时投放到目的地。

还有两个子程序，一个子程序的功能是“声音报警”，另一个子程序的功能是“画小信封”，它们是为了同一个目标诞生的，那就是当主程序发现某台学生机中有新邮件到来时，需要通过声光显示来向用户报告，以便及时接收新邮件。

（二）创造和谐的气氛能够加强合作学习

问题由来：因特网之所以备受青睐，很大程度取决于网页和超级链接的设计质量，为了贯彻以学生为主体的教学思想，尽量体现课程特色，顺利攻克教学难点，在学习因特网的超级链接时，必须设计出与其相匹配的整体教学方案，才能提高教学效率。如果把一班学生也按照“树状”来分组，就可能实现分工合作的教学氛围，有利于加强学生之间的合作，提高教学效率。基于这样的想法，设计了一节“制作因特网超级链接”的课，后来作为市级公开课在同行之间进行交流，引领了教师们在计算机课堂上开展能力培养的新思路。

设计思路：本节课是在《计算机应用基础》教材“网络应用基础”内容的基础之上，丰富了一些具体内容形成的一节简单的网页制作课，目的在于通过学习制作网页的超级链接，把网络的结构组成特点、信息流动规则以及需要注意的问题灌输到学生的脑海之中，使学生初次接触信息网络知识就对其产生浓厚的兴趣，并形成宏观的认识。还有一个重要的目的，那就是在课堂教学中培养学生与人合作的能力。在90分钟的教学过程中，学生将学习如何利用HTML语言编写超级链接程序，通过超级链接，将多媒体信息链接成网，通过超级链接将学过的知识连接在一起。网页信息大都是超文本的多媒体信息，为此，让学生在课前分组行动，收集本校历届技能比武优秀作品作为网页的链接对象，以赞美校园生活为主题，为在课堂上制作出具有个性化和集体观念的网页提供资源条件。

实现过程：为了突出合作学习的气氛，把一班学生分为4组，制作的网页包括绘画与摄影、歌曲与音乐、书法与小报、体操与队列等多媒体信息。各自编写具有3级超级链接功能的网页程序，实现对指定网页信息的查询与链接。每组确定1名代表，负责制作本组的主题，将组内其他同学制作的网页链接在一起。教师把4个组的主页链接在自己制作的“校园生活”主页上，以构成一个具有4级超级链接的小网站。实现这样的链接之后，展现在学生面前的是全班通力合作的成果，既评说了学生作业的优劣，又验证了超级链接的超级功能。同时，集体的力量、校园的风情、艺术的魅力都在计算机实验课上得到展示。为突出“超级链接”这个主题，仍然把小结中提及的优秀作品和典型错误通过网页和超级链接来展示，使学生又一次受到了启发，拓宽了思维方式。

第五章　基于行业的学习训练一体化人才教学培养模式改革

第一节　教育理念和指导思想

基于行业的学习训练一体化人才培养方案坚持“产学合作、校企结合”培养本科应用型人才的方针，通过校企双方协商，按照企业对人才的需求规格制订教学方案，建立实习基地。把企业的管理、运作、工作模式直接引进到实习基地的实习活动中，以企业的项目开发驱动学生的实习活动，使学生在高校学习阶段就可以接触到实际的工作环境和氛围，直接参与到实际的项目开发中去。在实施学习训练一体化人才培养方案的过程中，坚持以地方经济对人才需求为导向的原则，并以学生能力培养为重点，设计了 7 周的长周期软件开发综合训练，提高了学生的计算机专业知识综合运用能力、学习新知识的能力、分析问题与解决问题的能力、职业能力和职业素质等；同时基于行业的学习训练一体化人才培养方案重视学生专业基础理论知识的学习，将专业基础课程纳入教学计划，并进行符合应用型人才培养的课程与教学改革，构建了学习训练一体化、理论实践相融合的计算机科学与技术专业人才培养方案。

一、基于行业的学习教学法介绍

基于行业的学习是为培养满足行业需求的应用型人才应运而生的一种新型教学方法。学生完成两年学位课程后，在企业带薪工作、学习 24 周或 48 周。在基于行业的学习教学过程中，学生具有一定的学术能力，在企业中作为雇员，进行针对职业生涯的实践培训，并由企业导师、学术导师、基于行业的学习协调员等对其提供教学服务。企业可以以较低的薪水聘用有技能的、具有工作热情的员工，并培养潜在的未来员工，同时可以提高专业、行业标准，并能广泛地接触高校资源。学生在企业边工作边学习，有报酬，可增强其专业和商务能力，并可熟悉职业环境，从而增强竞争力。通常，参加基于行业的学习的毕业生比其他未接受基于行业的学习训练的学生起点工资高、责任心强、实际工作能力强且完成学位后常回到实习企业工作。基于行业的学习已逐步成为各高校的一种主要教育和课程形式。

这种教学方法主要是给学生提供企业工作机会，使学生通过学习了解、熟悉职场环境，培养掌握相关理论和技术、能够解决实际问题的人才，有利于学生规划个人的职业生涯和个人发展计划。

二、基于行业的学习的教学设计思路

基于行业的学习教育方法不是简单地将教学活动的组织、管理交给企业，而是校企双方协商，把企业直接引进到学校，按照企业对人才的需求规格制订教学方案，建立实习基地，把企业的管理、运作、工作模式直接引进到实习基地的实习活动中，以企业的项目开发驱动学生的实习活动，使学生在学习阶段就可以直接接触到实际的工作环境和氛围。学校教师与行业项目工程师共同承担课程开发、学生管理、实习培训等基于行业的教学任务，学生通过参加实际工程项目的训练提高了学习兴趣，消除了学习和工作之间的鸿沟。

基于行业的学习教学法的主要特点如下：基于行业的学习是学位课程的重要组成部分；学生具备相应的学术能力，应修完大学本科的主要课程；学生可以真实体验和熟悉职场环境，同时获得专业和职业能力；学校和行业紧密合作，共同参与教学，共同培养潜在的未来企业员工；促使教师改善教学方法，提高教学技能；充分调动、利用学校和企业的相关资源；增强毕业生的就业竞争力；探索新的教学方法，开创了培养应用型人才的新模式。在基于行业的学习教学过程中，学生、学校和企业三方面紧密合作，使学生得到在企业工作的机会，体会和熟悉工作环境，接受针对职业生涯的实践培训。

三、基于行业的学习与建构主义学习

在我国目前的学校教育中，传统的学科系统性课程体系中的教学活动多采用以教师为中心的教学方法，学生作为受体接受教师传授的知识。传统的学科系统性课程体系难以支撑应用型人才的培养要求。基于行业的学习教学法是以能力为本位，构建以学生为中心、以学为主的课程体系。

建构主义学习理论强调以学生为中心。学生由外部刺激的被动接受者和知识的灌输对象转变为信息加工的主体、知识意义的主动建构者。建构主义学习理论强调知识是通过学生主动建构意义获得。按照学习理论的观点，基于行业的学习应是基于建构主义学习理论的一种教学法。

1. 建构主义强调以学生为中心

基于行业的学习教学法强调在学习过程中充分发挥学生的主动性，学生通过完成工程项目建构各自的知识体系，完成相应的学习任务。

2. 建构主义强调“情境”对意义建构的重要作用

基于行业的学习教学法建立基于行业的实习基地，学生按照企业的工作方式和管理模式对既往知识、经验进行改造与重组，完成新知识体系的建构。

3. 建构主义强调“协作学习”对意义建构的关键作用

基于行业的学习教学法提倡通过项目合作完成教学活动，进而培养学生的团队合作意识与精神。

4. 建构主义强调对学习环境的设计

基于行业的学习教学法不仅强调通过工程项目训练达到知识建构，还强调在工作环境中完成学习过程。

5. 建构主义强调利用各种信息资源支持“学”，而不是支持“教”

基于行业的学习教学法强调学生作为学习主体，根据各自项目的进展和需求从书本、网络、项目文档等各种资料中获取知识，完成学习过程。学习过程和内容不是简单地由教师支配。

6. 建构主义强调学习过程的最终目的是完成意义建构，而不是完成某种既定的教学目标

基于行业的学习教学法以能力为目标进行教学设计，这种能力目标不同于传统的基于学科体系的教学目标。

基于行业的学习的教学法培养学生的应用能力、职业素质，提高学生的学习兴趣，缩小学习与工作之间的鸿沟。这是培养应用型人才的一种新模式。这种教学法可以认为是建构主义学习方法的一种具体实现。

第二节　人才培养方案

一、人才培养方案的特色

学习训练一体化人才培养方案遵从“高等学校计算机应用型人才培养模式研究”，课题组提出的应用型人才培养模式的基本原则，并形成了自身的特色。贯彻了应用型本科人才培养的基本原则，兼顾理论基础和应用能力培养，兼顾知识学习和工作实践训练。以实际应用为导向，以行业需求为目标，以综合素养和应用知识与能力的提高为核心，使学生成为适应地方经济发展需要的应用型高级专门人才。

依托校企合作，以行业实习形式驱动集中实践教学环节，由企业派出技术指导全程负责，并以“学习训练一体化”的形式开展软件开发岗位的定向培训，校企合建软件开发实习环境。根据对学习对象和人才培养规格的调查分析，设计了“学习训练一体化”课程的基本学习要求与实习目标。

在确立教学目标的同时，在校企合作实习基地中将接收学生进行为期 7 周的软件开发综合训练。

在专业培养方案中，要求增强实践教学课程，通过搭建实践教学环节的支撑平台，设置了多种实践类课程，保证实践教学 4 年不中断，4 年的实践教学比例达到了 50%。尤其是综合性的训练课程、理论—实践一体化课程，加强对学生综合运用知识解决问题能力的培养。训练性课程主要针对专项技术、技能开设，培养学生的专项技术能力；理论—实践一体化课程属于综合性、复合型实践课程，在课程中通过师生双方边教、边学、边做来完成具体教学目标和教学任务。该类课程具有应用型、综合性、先进性、仿真性等特点，使教学更接近企业技术发展的水平，并与企业实际技术同步，营造浓郁的企业工作氛围，达到能力与素质同步培养的目的，增强了学生的竞争能力和应用能力。

教师和学生在教学过程中的地位将发生改变。根据学习训练一体化人才培养方案，教师不仅是知识的传授者，而且是学生学习的组织者。教师负责组织实习单位与学生见面，根据各自的需要选择实习单位，安排实习期间的学习内容，监督教学计划中预期教学环节的完成情况。教师要及时了解、沟通和解决学生在学习中遇到的问题。该教学模式也可以促使教师改善教学方法，提高教学技能。学生可以真实地体验和熟悉职场环境，同时获得专业和职业能力。此外，在实习过程中，学生作为学习的主体，通过主动地感知、学习和操作，在既往分散、非系统知识的基础上建构综合、全局的知识体系。

为了增强毕业生的就业竞争力，将教学方法和教学设计建立在高校、行业和学生三方的紧密合作关系基础上。学校和行业紧密合作，共同参与教学，共同培养潜在的未来企业员工，即紧密依托企业培养出更多符合职业需求的本科毕业生，以便有效提高毕业生的一次就业率。

在学习训练一体化人才培养方案的构建过程中，除设计了基于 7 周的软件开发综合训练之外，还提出了建立“3+1”教改实验班的教学改革方案。针对实验班学生设计了符合这类学生特殊需求的“3+1”人才培养方案，即前 3 年学生的学习按照计算机科学与技术专业培养计划执行，以公共基础课、专业基础课和专业课的课堂教学为主；第 4 年采取把专业理论课知识学习与企业实习相结合的形式，学生将深入企业参与实际项目开发，获取职业证书和行业实习合格证书。

二、人才培养方案的构建原则

应用型人才培养模式的研究主要强调以知识为基础，以能力为重点，知识能力素质协调发展的培养目标。在具体要求上，强调培养学生的综合素质和专业核心能力。在专业设置、课程设置、教学内容、教学环节安排等方面都强调应用性。互联网技术应用型人才培养在以能力培养为本的前提下，也要重视基础课程和专业基础课，为学生毕业后继续教育和个人发展打下良好的基础。学习训练一体化人才培养方案的构建原则如下。

（一）人才培养要体现“宽基础、精专业”的指导思想

“宽”是指能覆盖本科的综合素养所要求的通识性知识和学科专业基础，具有能适应社会和职业需要的多方面能力；而其“厚”度要适度，根据教学对象的情况因材施教，学以致用。“精”是指对所选择的专业要根据就业需要适当缩窄口径，使专业知识学习能精细精通。专业技能要“长”，专业课程设置特色鲜明，有利于培养一专多能的应用型、复合型人才，符合信息技术发展需要和职业需求。

（二）培养方案要统筹规范，兼顾灵活

统筹规范要有国内外同类专业设置标准或规范做依据，统一课程设置结构。课程按 3

层体系搭建：学科性理论课程、训练性实践课程和理论—实践一体化课程。灵活是根据生源情况和对人才市场的调研与分析，采用分层教学、分类指导的方式，保证能对不同层（级）的学生进行教学和管理。根据职业需求和技术发展灵活设置专业方向和选修课程，在教师的指导下，学生应能在公共选修、自主教育、专业特色模块等课程中选修，包括跨专业选修和辅修，但改选专业需按学校有关规定和比例执行。

（三）适当压缩理论必修、必选课，加强实践环节教学

应用型本科毕业生的实践教学时间原则上不少于一年半，同时，要加大实践环节的学时数和学分比例。实践教学可采用集中实践与按课程分段实践相结合的方式，建立多种形式的实践基地，确保实践教学在人才培养的整个环节中不中断。另外，可以设置自主教育选修学分，培养学生自主学习能力，其中，创新创业实践学分大于 5 学分。

（四）设立长周期的综合训练课程，消除课堂与工作岗位之间的差异

通过学习训练一体化人才培养方案的构建，在基于 7 周的软件开发综合训练中，将企业直接引进学校的教学过程中来，使学生在大学学习阶段就可以接触到实际的工作环境和氛围，并直接入到实际的项目开发当中去。通过工程项目训练培养学生的职业能力、职业素质，提高了学生的学习兴趣，消除了学习、实践、工作之间的鸿沟，开创了培养应用型人才的新模式。

（五）实施因材施教的教学方法

在充分论证的基础上，可以设立和组合特殊培养计划，对学生实施资助教育，鼓励学生参加技能培训以获得相应的学分，拓展有专长和潜力学生的发展空间。例如，增设开放（自主）实验项目，鼓励有兴趣、有能力的学生进入实验室，并根据实验项目完成情况给予相应的学分；鼓励学生参加有关的技能培训以及国家、省（市）、国内外知名企业组织的相应证书考试，并给予学分；推出就业实习、挂职锻炼、兼职和校企合作等新的社会实践项目，并根据实践时间和效果给予相应学分；鼓励班里有专长和成绩突出的学生直接参与教师的科研课题。

三、人才培养方案的课程体系

（一）课程设置

学习训练一体化人才培养方案中课程总学分为 179 学分，其中理论教学 114 学分，占总学分比例为 63.7%；集中实践教学 60 学分（含毕业设计实践 16 学分），占总学分比例为 33.5%；实践教学包括集中实践学分（60 学分）、理论教学中实验实践类课程学分（26 学分）和自主教育学分（5 学分），共 91 学分，占总学分比例为 50.8%。

该人才培养方案按教学层次设置了学科性理论课程、学科性训练性课程、理论—实践一体化课程 3 层。在总学分中，学科性理论课程 114 学分；训练性实践课程 21 学分；理论—实践一体化课程 39 学分；自主教育 5 学分，课程中实践教学应大于总课时的 50%。

各类课程设置的总体说明如下：学科理论性课程共计 114 学分，分为公共基础类课程和专业、专业基础类课程。其中，公共基础类课程共计 58 学分，这些课程与后续专业及专业基础类课程紧密相关，学生在大学一年级、二年级应完成公共基础课程的学习。

专业、专业基础类课程共计 56 学分，包括计算机科学与技术的专业基础类课程，线性代数、离散数学、数字逻辑技术、电路与系统、专业基础类课程公选课。专业课程包括数据结构、面向对象程序设计、计算机网络、数据库管理与实现、软件工程、操作系统和计算机组成原理等。学生可以在大学二年级、三年级、四年级学到相应的课程。

训练性实践课程共计 21 周，分为公共基础类课程和专业、专业基础类课程。

公共基础类训练性实践课程共计 9 周，包括入门教育、英语强化、工作实践、计算机基础应用训练、物理实验，还包括大学生在四年级的毕业教育。

专业、专业基础类训练性实践课程总计 12 周，是配合专业、专业基础类理论课程开设的实践课程，包括数据库管理与实现训练、面向对象程序设计训练、软件工程训练、软件测试训练、计算机网络基础应用训练、网络系统规划设计训练、操作系统模拟实现训练、Web 技术训练、算法与数据结构训练、计算机硬件和指令系统基础设计训练、嵌入式系统的应用训练和计算机体系结构的模拟实现训练。这些训练性实践课程的开设旨在让学生更好地学习学科性理论课程。

理论-实践一体化课程共计 39 周，分为公共基础类、专业类、专业基础类、毕业设计。

该部分主要是以综合性课程的形式出现在教学课程体系中的，此类课程不仅要引导学生应用已学过的专业及专业基础知识，还应结合实践的具体课题补充前沿的新知识、新技术。该类课程的上课周数可为 2~7 周。

实践教学课程包括课内课外实验、专项训练、综合训练、自主教育、毕业设计实践等，保证实践教学 4 年不中断。第 7 学期结合专业特色课和毕业设计要求应安排 7 周的集中实践（实习）环节，这一环节一般应在一学期内持续进行，鼓励以团队形式开展项目驱动方式的实践，有条件的可安排到企业或校企合作基地集中实践。毕业设计开题可提前在第 7 学期和集中实践环节相衔接，减少就业影响。

自主教育类课程。学生在校期间应完成 5~10 学分的自主教育学习，主要为培养和提升学生的职业竞争能力和发展潜力，要充分体现理论—实践一体化课程的特点。

公共基础类理论—实践一体化课程共计 5 周，包括程序设计综合训练和专业感知与实践。专业类、专业基础类理论—实践一体化课程共计 18 周，包括面向对象与数据库综合性课程、软件开发综合性课程、系统集成综合性课程、信息技术应用（软件测试）综合性课程、计算机工程综合性课程、项目管理综合性课程（注：四门标注的课程，必须选择其中的两门课程）。理论—实践一体化课程均由多门学科理论性课程支持，在实践过程中，教师应指导学生把学习过的各门独立的专业课程知识有效地联系起来，达到工程训练的目的。例如，软件开发综合性课程不仅包括软件工程、软件测试、面向对象程序设计、数据库管理与实现、数据结构等学科性理论课程的知识，还包括数据库管理与实现训练、面向对象程序设计训练、软件工程训练、软件测试训练、算法与数据结构等训练性实践课程内容，同时在该课程的实施过程中，教师还会根据实际的需要补充新的知识，从而真正实现“学—做—实践”统一。

自主教育类课程以实践教学为主，包括开放式自主实践类课程、创新创业教育、社会技术培训、校企合作置换课、网络资源课程、科技文化活动。学生可通过选修全校各类课程、各学院开设的课程，以及参加学校认可的学科竞赛、证书认证、科技活动、社团活动等自主教育学习来获取学分。其中，创新教育主要包括学生在教师指导下完成的科技竞赛、研究课题以及企业实际应用开发项目。创业教育是学生在校期间开展校（院）级以上批准立项的创业活动。学生在校期间至少要获得5学分的创新创业教育学分。

选修课程（含理论与实践）的组织与时间安排。公共选修课程为全校和全院性选修课程，包括社会科学、人文科学与艺术、经济与管理、体育、英语、计算机技术（凡是在本专业开设的同类课程不得在计算机技术类中选修）、数学、自然科学、物理等方面的理论与实践选修课程；其余选修类课程大多为学院开设的选修课程。此外，还有针对不同基础与需要的学生开设的选修课程。

（二）课程体系结构

在开展课题的研究过程中，设计《计算机科学与技术》专业培养方案的课程框架。

该框架根据专业特点和应用型人才培养目标，以课程设计为基础，实现学科性理论课程、训练性实践课程、理论—实践一体化课程的合理组合。通过大幅度增加实践教学比重，强调从事实际工作的综合应用能力培养。在课程框架的基础上，进一步设计了“柱形”结构的专业课程体系结构。

（三）课程实施说明

学习训练一体化培养方案在学习时间、课程组合、课程学习时间安排等方面为学生提供了较大的自主选择空间，学生可根据自身特点及毕业志向提前或延期毕业、考研、就业等，在专业导师指导下组合课程，形成个性化学习方案和学习计划。学生在进行必修课程的进程设计和选修课程的选择安排时，要注意课程的先修、后修关系和知识的系统性，可通过适当调整教学运行使系统更科学、合理。尤其要注意设计好自主教育选学模块。具体建议如下。

1. 4年完成学业的学生，第1学期至第6学期每学期所安排的总学分建议控制在25学分以内，第7学期建议开设16周左右的集中实践环节。学生对每学期的选课模块应合理搭配，以保证在4年内完成各教学模块对选修学分的要求。同时也要注意校、院两级选修课程的适当搭配，一般每学期选学的全校性选修课程不要超过4学分，自主教育学分不超过10学分。

2. 毕业后直接就业的学生，应结合就业意愿加强学科专业基础课程及专业特色课程的学习。在第7学期的第8周之前基本修满本培养方案规定的必修课程学分和各教学模块要求的选修学分，同时要加强拟就业领域相应专业方向课程的学习，积极为就业创造条件。第7学期后8周，学生应根据就业需要进一步加强专业对口课程的学习，并可开始毕业设计、选择就业实习，为参加工作奠定良好的基础。也可将前后8周打通安排。

3. 拟考研的学生，应于第6学期前完成必修理论课程及实践课程的学习（毕业设计除外），基本修满培养方案各模块要求的学分。第7学期可通过选修公选类和自主教育类中的“两课”综合训练、英语综合训练、数学综合训练等校选课程以及专业基础综合训练等院选课程，进一步巩固公共基础知识和专业基础知识，为考研做好准备。

4. “3+1”教改实验班的学生，前3年在学校按照学习训练一体化人才培养方案进行学习，第4年深入到企业参与实际项目的开发。学生前6学期的教学安排与非教改班的专业培养方案中的教学安排完全一致。学生的第7学期和第8学期均为毕业设计实践环节，学生将直接进入企业进行实习，并且根据学生实际实习内容进行教学培养计划中第7学期相应课程的学分置换。

5. 拟参加学校与国外大学本科生交流项目的学生，应加强大学英语课程的学习，特别要通过英语技能训练，提高英语听说能力。同时，还要注意学好对方所要求的互认学分的必修课程，为到国外大学学习做好准备。

6. 在校期间通过参加校企合作项目和企业职业培训获得自主教育学分的学生，获得自主教育取得的学分经过确认后，可以置换相关集中实践教学课程学分。

7. 在校期间选修专业特色课程和专业拓展课程的学生，应根据各专业方向的特点和需要，在专业负责人指导下进行选修，组成专业方向模块，按班教学。

第三节　实施环境和条件

在实施学习训练一体化人才培养方案时，必须具备合理的教学实施环境和条件保障，包括完善的学科建设基础、产学合作基础、以人才强校为核心的师资队伍建设、高效的教学资源管理和教学管理服务等。

一、学科建设基础

学科建设是高等学校教学、科研工作的结合点，是提高学校教学、科研能力的关键，是学习训练一体化人才培养方案实施的重要支撑。学科建设基础主要体现在如下3个方面。

（一）在学科建设过程中力求吸收高层次拔尖人才

应用型大学的学科建设要有高层次拔尖人才作为应用学科的带头人，他们不仅要有坚实的理论基础，而且要有工程经验或技术研发能力，以及对应用领域的广泛知识、创新能力和沟通能力。他们的水平和能力决定了该学科的水平和影响力，因此，高等学校和科研机构的学科带头人都要聘请和选拔高层次专业拔尖人才。学校在引进人才的工作过程中，可实施“一把手”工程，切实解决引进中的问题、困难等。

（二）在学科建设过程中建立完善的科研开发平台

应用型大学的学科是培养应用型人才，科研开发的基本平台。学科建设是建立人才培养和科研开发的基本单元，因此，学科建设中要建立完善的科研开发平台，包括研究所、研究基地或中心、重点实验室等。

（三）学科建设需要有团队的齐心协作

一个学科除要有学科带头人之外，还要搭建一支学术梯队，形成学术、科研和教学团队；要根据规划不断调整学科队伍，建立合理的学术团队来确立研究方向、建设研究基地以及组织科研工作，改革教学计划，提高教学水平。

二、产学合作基础

开展产学合作是应用型本科院校培养应用型人才的根本途径，是建设应用学科的重要基础，是构建科技创新平台和提升高校自主创新能力的重要保障。通过高校与企业合作办学，可以充分利用两种不同的教育环境减少人才培养和市场需求之间的差距，提升学生的职场竞争能力，真正实现应用型人才培养的目标。近年来，计算机科学与技术专业依托学科领域的研究成果，与相关科研单位和企业结成全面的产学研联盟，发挥和集成各自的优势，为基于行业的学习教学模式的学习训练一体化人才培养方案的构建奠定了良好的基础。

基于行业的学习教学模式的实施使企业和学校真正做到零距离对接。专业教师和企业工程师共同开展综合类课程的建设，设计综合性课程方案。通过与企业合作，得到了企业的资金和技术支持，成功共建“软件开发实践基地”。学生可以参加由企业工程师直接指导的项目实习，通过“学习训练一体化”的教学形式，完成综合项目的开发训练。

为提高人才培养目标与人才市场需求的契合度，实现毕业生到企业员工角色的无缝转换，在教学过程中，学校与企业共同构建教学和实践平台，将企业培训和实习工作提前，使企业与学校教育更加紧密地结合，以满足企业对人才知识、能力和素质的综合要求。

三、师资队伍基础

师资队伍是学科、专业发展和教学工作的核心资源。师资队伍的质量对学科、专业的长期发展和教学质量的提高有直接影响。根据应用型人才培养模式，专业人才的培养要体现知识、能力、素质协调发展的原则。这就要求构建一支整体素质高、结构合理、业务过硬、具有创新精神的师资队伍，以适应应用型人才培养及自身发展的要求。

师资队伍建设应有长远规划和近期目标，有吸引人才、培养人才、稳定人才的良性机制，以学科建设和课程建设推动师资队伍建设，以提高教学质量和科研水平为中心，以改善教师知识、能力、素质结构为原则，通过科学规划制订激励措施，促进师资队伍整体水平的提高。

（一）专业师资队伍的数量与结构

专业师资队伍应保证年龄结构合理，学历与职称结构合理，发展趋势良好，符合专业目标定位要求，适合学科、专业长远发展的需要和教学需求。师生比应该控制在 1∶16 范围内。

（二）对教师队伍的知识、能力、素质结构的要求

专业教师除具备较高的专业学历，如博士、专业硕士等之外，还应具备较丰富的行业企业工作经历、高校的教学工作经历等，这样的教师可称为具有应用型本科教育专业素质的教师。因此，应用型本科教育对专业教师的基本要求如下。

第一，在知识结构上，教师不仅要有较深的本学科理论知识，而且要有较多的实践相关知识，如仪器设备知识、实验或实验材料知识。从教学环节上看，教师在理论课课堂上要向学生系统地教授知识，因而对教师的理论水平和本学科系列、先进的知识结构要求较高。

第二，在能力结构上，教师不但要具有基本教学能力，而且要有较高的实际操作能力、观察能力和研究能力，要掌握培养应用能力的教学方法。此外，在充分发挥这些教师作用的基础上，还应通过培训等多种渠道提升教师的专业实践水平和科研能力，以满足产学研的需求。

第三，从工作经历上，由于应用型本科教学强调培养学生的综合应用能力和实践能力，要求教师在具备专业知识和基本技能的基础上，还要具备相关职业工作背景或培训经历，如参与过企业工程项目开发、有企业工作经历或经验等。教师要跟踪技术的发展变化，在教学中及时引进新技术，努力将教学贴近生产、生活服务实际。

四、教学资源建设与条件

教学资源包括教学实践环境、教材建设、图书资源等。良好、完备、先进的实验条件和满足专业培养目标需要的校内外实习基地、符合应用型人才培养目标的高水平教材、丰富充足的图书资料是应用型本科专业教学的基本保障。

（一）教学实践环境建设

教学实践环境包括实验室和校内外实习基地。教学实践环境的建设既要符合专业基础实践的需要，又要考虑专业技术发展趋势的需要。计算机科学与技术专业要有设备先进的实验室：软件开发工程实训室、微机原理与接口技术实验室、计算机网络系统集成实训室、通信网络技术实验室、数字化创新技术实验室和院企合作软件开发实践基地等。这些实验室和实践基地为学习训练一体化人才培养方案的实施提供了良好的教学实践环境。

（二）教材建设

教材是知识的重要载体，是学生获取知识的主要途径，是教师教学的基本工具。教材质量的优劣直接影响教学和人才培养的质量。因此，教材建设是教学改革的重要内容之一。教材建设要结合实际，正确把握教学内容和课程体系的改革方向，密切配合学校学科、专业及办学定位进行。教材的建设与选用应紧紧围绕应用型人才的培养目标，鼓励具有应用型本科教育专业素质的教师结合一线教学和企业工作经验编写满足学习训练一体化人才培养方案需求、符合专业发展需要、具有自身特色的专业教材。

（三）图书资源建设

在图书资源管理方面，高校图书馆应从资源和服务两个方面实现对计算机科学与技术专业教学科研的保障作用。一是加强图书、期刊、电子资源以及各类数据库的建设。文献收藏应以本校各专业所涉及学科的基础理论文献、教学参考文献、科学研究参考文献等为重点，形成具有特色的、多学科、多层次、多载体形式的馆藏文献体系和数据库体系。二是充分利用现代化技术开展以网络文献服务为中心的信息服务，开发网上资源，形成以网上文献报道、网上信息导航、网上咨询服务等为主要内容的网上信息服务平台。

五、教学管理与服务

学校教学管理应具备制度化、规范化和网络化等特点，应建立一套完备的教学管理机制以适应教学需求，建立适应应用型大学特点的教学管理与服务。

（一）完善的教学管理

学校可以建立多级教学管理层次，如学术委员会、专业负责人、课程负责人、教研室主任和任课教师。通过各级职务人员的协同工作加强教学管理和质量监控，共同完成专业教学任务。

学术委员会主要负责教学管理相关文件的审定，包括对一些重大教学事故的处理；科研发展规划的制订和实施；审议、推荐校级、纵向项目科研课题；评估教师科研人员的科研成果。专业负责人审定专业教学计划，并进行教学监控和检查。课程负责人负责所辖的一组课程的建设，专业课程内容的制订以及专业课程之间衔接，其中包括制订教学进度、设计教学大纲实施方案、监督课堂教学和实践的实施、审核命题及阅卷评分标准。教研室主任负责教学实施和检查课程教学进度，开展教学研究和教学改革。任课教师根据所承担的教学任务参加相应教研室的教研活动。

（二）完备的规章制度

学校应该按照教学建设、实践教学、教学研究与改革、质量评估、学生学籍分类进行管理，制订和完善各项管理规定、规范、实施细则和工作流程等，使规章制度文件成为一切工作的指导纲领。

参考文献

[1] 韩利华. 高校计算机教学模式构建与改革创新 [M]. 长春：吉林大学出版社，2018.

[2] 申晓改. 计算思维与计算机基础教学研究 [M]. 成都：电子科技大学出版社，2018.

[3] 邓达平. 计算机软件课程设计与教学研究 [M]. 西安：西安交通大学出版社，2017.

[4] 常国锋. 计算机辅助教学理论与实践 [M]. 天津市：天津科学技术出版社，2017.

[5] 唐培和，秦福利，唐新来. 论计算思维及其教育 [M]. 北京：科学技术文献出版社，2018.

[6] 葛笑. 基于就业为导向的高校计算机应用技术教学分析 [J]. 国际公关，2019 (11)：125.

[7] 吴明莉. 高校计算机课程中翻转课堂的应用研究 [J]. 佳木斯职业学院学报，2019 (11)：98-99.

[8] 段宁贵，卢志玲，黄培标，黄健伟. 高校计算机课程群“五位一体”信息化教学模式的研究与实践 [J]. 中国管理信息化，2019 (21)：222-224.

[9] 赵华亮. 信息化背景下的高校计算机教育教学改革 [J]. 湖北农机化，2019 (20)：33.

[10] 张雅洁. 高校计算机教学改革与发展策略 [J]. 中外企业家，2019 (31)：185.

[11] 王永庆. 关于“互联网+”背景下高校计算机教学改革的探讨 [J]. 轻纺工业与技术，2019 (10)：176-177.

[12] 张星. 微课在高校计算机基础教学中的应用探索 [J]. 智库时代，2019 (43)：205.

[13] 罗春红，苏成信. 试论高校计算机教学中学生创新能力的培养 [J]. 软件，2019 (10)：229-232.

[14] 葛笑. “互联网+”背景下高校计算机教学改革的思考 [J]. 国际公关，2019 (10)：116.

[15] 杜海英. “互联网+”时代下高校计算机课程教学法的应用研究 [J]. 佳木斯职业学院学报，2019 (10)：241-242.

[16] 钟元权. 基于素质教学育与翻转课堂深度融合的教学模式分析——以计算机教学课程为例 [J]. 中国多媒体与网络教学学报（上旬刊），2019（10）：220-221.

[17] 贾晓霞. 基于翻转课堂的《计算机应用基础》教学设计与实践 [J]. 数字通信世界，2019（10）：242.

[18] 吴秀荣. 人才市场需求导向下的高校计算机专业教学改革探析 [J]. 数字通信世界，2019（10）：267-268.

[19] 王慧，白红英，马丽，张晓娇. 基于“速课”的高校“计算机应用基础”课程混合教学模式探索 [J]. 江苏科技信息，2019（27）：63-66.

[20] 潘期辉，杨妮. 大数据时代高校计算机基础教学改革研究 [J]. 电脑知识与技术，2019（27）：156-157.

[21] 肖云虹. 混合式教学模式下的高校计算机基础教学改革研究 [J]. 中国新通信，2019（18）：208.

[22] 张金辉. 高校计算机基础教育创新教学模式探究 [J]. 实验技术与管理，2019（09）：285.

[23] 田英. 翻转课堂在高校计算机公共课中的应用研究 [J]. 计算机产品与流通，2019（09）：277.

[24] 葛笑. 互联网思维下高校计算机类公共课实验教学模式改革 [J]. 国际公关，2019（09）：115.

[25] 尹婷，赵思佳. 高校计算机网络技术课程教、学、做一体化教学模式探究 [J]. 科技风，2019（25）：40-41.

[26] 刘成泳，赵志俊. 基于科研第二课堂的计算机类应用型创新人才培养浅谈 [J]. 电脑知识与技术，2019（25）：182-183.

[27] 王超. 高校计算机教学中学生创新能力的培养探究 [J]. 信息记录材料，2019（09）：244-245.

[28] 陈小瀚. 高校计算机公共课双师协同教学模式研究 [J]. 大学教育，2019（09）：86-88.

[29] 易育之. 混合式教学在计算机专业课程中的应用策略 [J]. 知识经济，2019（25）：131-132.

[30] 刘云. 慕课下的高校计算机基础教学解析 [J]. 信息与电脑（理论版），2019（16）：229-230.

[31] 谢光. 赛教融合的高校计算机专业课程教学模式改革探究 [J]. 教书育人（高教论坛），2019（24）：86-88.

[32] 阎丽欣. 基于现代教学技术的高校计算机教学研究 [J]. 辽宁经济职业技术学院. 辽宁经济管理干部学院学报，2019（04）：147-149.

[33] 徐庆华. 试论高校计算机教学与学生创新能力的培养 [J]. 农家参谋，2019

(16)：273.

[34] 刘丽娜. MOOC 环境下高校《大学计算机基础》课程混合式教学模式的构建研究 [J]. 电脑知识与技术，2019 (22)：139-140.

[35] 李玉珍. 应用型人才环境下高校计算机基础课程多元化教学模式的应用 [J]. 数字通信世界，2019 (08)：246.

[36] 李峤，黄庆涛. "互联网+教育" 混合教学模式下高校计算机教学的创新与突破研究 [J]. 才智，2019 (21)：147.

[37] 黄苇. 微课应用于高校计算机教学中的相关思考 [J]. 才智，2019 (21)：99.

[38] 马欣. 信息化背景下高校计算机教育教学改革的方向与实践探究 [J]. 黑龙江教育学院学报，2019 (07)：47-49.

[39] 陈磊. 微课在高校计算机教学中的应用 [J]. 信息与电脑 (理论版)，2019 (13)：236-237.

[40] 文韬. 网络资源在高校计算机教学中的应用 [J]. 中国多媒体与网络教学学报 (中旬刊)，2019 (07)：89-90.

[41] 李菊霞，李艳文，马娜. 大数据时代高校计算机应用基础教学改革与实践 [J]. 智库时代，2019 (30)：98.

[42] 方海诺. 高校计算机课程教学存在的问题及解决对策 [J]. 黑龙江科学，2019 (13)：36-37.

[43] 王喜军. 翻转课堂在高校计算机公共课中的应用研究 [J]. 卫星电视与宽带多媒体，2019 (13)：31-32.

[44] 冯为华，刘丽，王祥荣. 基于应用能力培养的高校计算机网络教学新模式的研究与实践 [J]. 教育现代化，2019 (54)：78-80.

[45] 裴连群. 基于 "云课堂" 教学背景下计算机教学的创新与发展措施 [J]. 中国多媒体与网络教学学报 (上旬刊)，2019 (07)：1-2.